人类骨骼的考古故事

张全超 编著

生活·讀書·新知 三联书店

Copyright © 2025 by SDX Joint Publishing Company.
All Rights Reserved.

本作品版权由生活·读书·新知三联书店所有。
未经许可，不得翻印。

图书在版编目（CIP）数据

骨谜：人类骨骼的考古故事 / 张全超编著． -- 北京：生活·读书·新知三联书店，2025.4
ISBN 978-7-108-07825-4

Ⅰ．①骨… Ⅱ．①张… Ⅲ．①体质人类学—研究 Ⅳ．① Q983

中国国家版本馆 CIP 数据核字 (2024) 第 060331 号

责任编辑	曹明明
装帧设计	康　健
责任校对	张　睿　曹秋月
责任印制	宋　家
出版发行	生活·讀書·新知三联书店
	（北京市东城区美术馆东街 22 号 100010）
网　　址	www.sdxjpc.com
经　　销	新华书店
印　　刷	天津裕同印刷有限公司
版　　次	2025 年 4 月北京第 1 版
	2025 年 4 月北京第 1 次印刷
开　　本	720 毫米 × 965 毫米　1/16　印张 12
字　　数	130 千字　图 159 幅
印　　数	0,001-6,000 册
定　　价	88.00 元

（印装查询：01064002715；邮购查询：01084010542）

目录
Contents

序　张全超　　i

第一部分 ｜ 骨骼之伤

石尖上的舞蹈：甘青地区的史前治愈性开颅术　　3

2500年前欧亚草原南下牧人的刀光"箭"影　　10

战争之殇：吐鲁番早期铁器时代墓葬中发现的
　　颅骨创伤　　19

蹒跚青春：骨癌少年的"成长痛"　　28

藏叶于林：一场千年前的谋杀与巧诈的脱罪诡计　　36

第二部分 ｜ "美"的代价

沧海遗珠：大西洋加那利群岛的人骨遗存　　45

成为玛雅人：从"头"开始　　52

人工颅骨变形在新疆的昙花一现　　63

皮肤上的丹青：新疆地区先民的纹身艺术　　73

纤纤玉笋裹轻云：西冯堡清代墓地的缠足女性　　78

第三部分 | 与世长眠

"奥茨冰人"：穿越5300年的冰雪战士　　91

"红皇后"：湮没在恰帕斯丛林中的玛雅第一夫人　　99

臂弯深处最安眠：青铜时代的母婴合葬墓　　112

"相拥千年"：白骨青灰一生两望，相拥而眠至死不渝　　119

黑暗中的怨灵：林道沼泽木乃伊　　129

第四部分 | 见微知著

穿越时空：与良渚匠人"不期而遇"　　139

食物的"言外之意"：稳定同位素反映的古代社会等级　　146

以"齿"为鉴：新疆吐鲁番古代先民的牙齿磨耗与饮食结构　　156

汉东有佳人：曾国嫔妃乐工的礼乐之殇　　162

妙"手"偶得：解锁金元先民的掌纹秘密　　174

序

2009年，我在加拿大温哥华访学期间，在本拿比市（Burnaby）的一家社区图书馆偶然翻阅到了英国著名考古学家、科普作家保罗·G.巴恩（Paul G. Bahn）先生所著的考古学通俗读物 *Written in Bones*。书籍因频繁翻阅而边角微翘，虽然略显斑驳与陈旧，却仍然吸引着众多读者驻足阅读。我注意到，读者群里有天真烂漫的孩子，有朝气蓬勃的青年人、深沉稳重的中年人，还有戴着花镜的老者。这份跨越年龄的共鸣深深地震撼了我，也让我第一次深切地感受到了科普读物所蕴含的巨大魅力。

一个念头在我心中悄然萌发——撰写关于人类骨骼考古的科普文章，将这一领域的重要发现以深入浅出、通俗易懂的方式呈现给广大读者。2013年，我和我的学生张群在《大众考古》发表了我们的首篇科普文章，主题便是聚焦于世界范围内有趣的"变形颅"现象。在随后的十多年间，得益于国家文物局"指南针计划"项目的支持，我的学生们不断地进行着这项工作的"接力"，将一篇篇涵盖各类主题的人类骨骼考古故事变成铅墨，跃然于纸上。2017年，由我组织翻译的《骨文》（*Written in Bones*）经过多番努力，终于得以问世。这部译著的成功出版，不仅是我在翻译领域的又一次重要尝试，也承载着我对人类骨骼考古的深厚情感。读者的热烈反响，如同一股强大的动力，让我重拾初心，也更加坚定了我要出版一部关于人类骨骼考古科普著作的决心。

历经数年的积累与沉淀，我们终于汇聚了一系列精彩纷呈的人类骨骼考古故事与广大读者分享。至此，一个十五年来的心愿得以实现。我们国家拥有"百万年的人类史、一万年的文化史、五千多年的文明史"，这些悠久深厚的历史积淀一定会让中国的考古故事如星河般璀璨夺目。让我们将这本书的出版视为一个开端，期待在不远的将来，我们会把更丰富的考古故事呈现给每一位热爱考古、热爱生活的人。

本书由杨诗雨、高国帅、张雯欣、由森、邹梓宁、孙晓璠、董和、孙志超、张群、王安琦、阮孙子凤、孙语泽、滕逍霄、李鹏珍等参与编写。本书的出版得到了吉林大学考古学院"十四五"系列科普著作培育计划的资助。三联书店的曹明明女士为本书的出版付出了诸多心血。在此，谨向支持和帮助本书出版的同仁表示诚挚的谢意，也恳请读者批评指正。

张全超

2024年10月20日夜，于长春

第一部分

骨骼之伤

石尖上的舞蹈
甘青地区的史前治愈性开颅术

神秘的史前开颅术

开颅术,即使用工具将颅骨骨板穿透或者取下颅骨骨片,从而达到治疗等目的。19世纪60年代,一枚出自秘鲁库斯科(Cuzco)的开颅标本引起了学者们的注意,该颅骨额部有"独木舟型"的穿孔,法国神经病理学家、人类学家布罗卡(Pierre Paul Broca)认为切口的周围有感染痕迹,很有可能出于医疗目的而生前开颅。虽然他的解释一度被质疑,但这枚首次被发现和鉴定的开颅标本所反映的古老开颅术却得到了广泛认可。一个多世纪以来,随着考古学的发展,欧洲、近东、美洲均发现了非常古老的开颅术,国外学者们对开颅标本的时空分布、区域性特征、技术发展和开颅术的分类均展开了细致的科学分析,而中国的开颅术考古学发现却在国际上鲜有报道。

根据考古学材料,中国境内目前发现有开颅标本的遗址已多达30余处,主要集中于新疆地区和黄河流域,最早可追溯到距今约5000年前,其中,新疆地区和甘青地区的

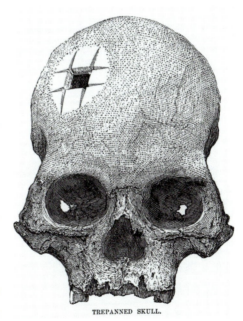

现藏于美国自然历史博物馆的印加开颅头骨
图片引自 Charles G. Gross. *A hole in the head: More tales in the history of neuroscience*. MIT Press. 2012: 5

发现最为集中，也最具有地域特色。新疆地区的颅骨穿孔几乎无任何愈合痕迹，穿孔的时间发生于围死亡期内，人群的穿孔率较高。部分颅骨的穿孔不止一处，且常伴随着创伤现象（如外力引起的骨折）。穿孔的形状主要有矩形、圆形和不规则形，穿孔的方式以挖槽法为主，显微镜下可观察到部分孔的边缘留有锋利刃器刻划的微痕。有的学者认为，新疆地区的开颅术极有可能出自纯粹的宗教目的，或是特殊信仰。比如，古人认为，人死后在其颅骨上开孔有利于灵魂出入；在暴力冲突频发的新疆地区，人们认为佩戴死去亲人的颅骨骨片会得到先人的保佑。

甘青地区的开颅术最早见于青海民和阳山遗址、马牌墓地以及青海乐都柳湾墓地，时间为距今4000年左右的新石器时代晚期。随着考古工作的开展，甘青地区出土开颅标本的遗址已多达10余处，共30余例，从新石器时代晚期一直延续到青铜时代晚期。研究者们通过对开颅标本的研究，认为甘青地区的颅骨穿孔以圆形为主，直径较小，漏斗形居多，大都表现出不同程度的愈合痕迹，同一遗址中开颅标本相比新疆地区占比较低，基本上为治愈性开颅术，与新疆地区的开颅术表现出截然不同的地域性特征。

巫术还是医术？

现代医学中的开颅术是一项成熟的医疗手术，包括去骨瓣开颅术、小骨窗开颅术、钻孔引流术等，常用于释放颅压、清除颅内出血、去除颅内肿瘤等。外科医生们借助CT、彩超、电凝止血、显微镜、激光等先进的医疗器械，大大提升了开颅手术的成功率和治愈率。开颅术的开展要求非常严格的无菌条件，以及灵敏、轻柔、准确和迅速的手术操作。我们很难想象，在距今几千年前的史前社会中，一个尚没有铁质工具，没有消毒、止血和麻醉药物的年代，先民们开展如此高风险的开颅术，究竟是"巫术"，还是大胆的医学尝试呢？研究者认为，有几项非常关键的信息可以用来辅助判断：开颅是否发生于围死亡期，穿孔处有无愈合痕迹，开颅的技术类型有什么特征，开颅个体有无颅骨创伤或其他病理现象。

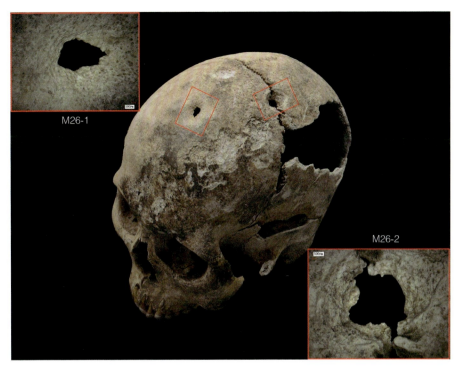

显微镜下的穿孔部位，可以观察到新生的骨刺以及钻孔时留下的痕迹

　　研究者们对马牌墓地出土的穿孔颅骨显微镜观察结果显示，穿孔处骨骼创面的板障层已愈合，骨密质和骨松质完全融合为一体，生长成光滑的新骨表面；孔的外板直径明显扩大，内板直径因新骨生长而缩小，孔的边缘过渡平缓，逐渐内收，据此判断该孔的愈合时间应长达数月。如此良好的愈合现象暗示了开颅术的成功与良好的术后护理，不仅避免了严重的术后感染，患者也在术后存活了很长时间，这显然是出于治疗目的的可能性更大。

钻孔技术的复原

　　研究者们在考古出土的开颅标本中找到了有关开颅技术的蛛丝马迹。结合穿孔的形状、微痕以及实验研究，古代开颅术的钻孔方法基本可归纳为刮削法、刻划法（挖槽法）、管钻法和钻孔法。其中钻孔法又可分为两种，一种是单个钻孔；一种是在更大的圆圈上连续钻孔，然后打掉骨桥取下一块较大的圆形骨片。

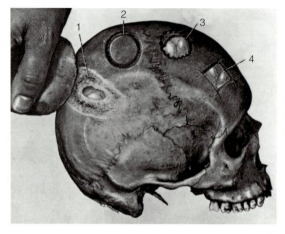

利索夫斯基（Lisowski）将开颅术归纳为：（1）刮削法 （2）管钻法 （3）钻孔法（连续钻孔）（4）刻划法

图片引自Lisowski, F.P.. Prehistoric and early historic trepanation. In Brothwell, D., and Sandison, A.T., eds., *Diseases in Antiquity*. Charles C. Thomas, Springfield, IL, 1967

  为了揭示甘青地区治疗型开颅术的技术方法，研究者们通过对家猪颅骨的钻孔实验得出了初步的结论：钻头较薄、刃部锋利及刃部角度较大的磨制石钻是相比之下更加高效的开颅工具，实验者通过快速向下旋转的方式，最快在17分钟内就可以将骨板钻透。根据需求的不同，施术者可能还会用到具有锋利刃部的石器工具对钻孔边缘进行修整或者是将孔位直径进一步扩大。在以往的研究中，学者们认为漏斗形穿孔边缘的斜坡带是使用刮削法完成的，然而在实验中，刮削法实施起来要求力度大、耗时长，对工具的磨损也非常严重，在没有任何麻醉的情况下，刮削法会给开颅对象带来非常大的痛苦，因此不太可能是用于治疗性开颅的有效方式。

  研究表明，小型石钻工具快速钻孔不仅节省了开颅时间，也最大程度避免了创口感染，相比其他开颅方式，钻孔法仅需很小的创口面积就可以完成。在现代医学的钻孔引流术中，医生首先通过CT来定位选择血肿最多的层面，以颅板最接近血肿中心处作为靶点，并且需要尽力避开皮质、血管和重要的脑功能区。在术后，患者需接受至少3天的密切观察和复诊，才能保证生命安全。然而在距今4000年前的史前社会中，开颅术实施的细节我们难以还原，古人究竟使用何种材料进行消毒和止血，怎样缝合硬脑膜和头皮，如何定位开颅靶点等问题，均难以利用考古材料来提出假设。民族学家们认为，现代某些原始

用于钻孔实验的石钻工具
Ⅰ—Ⅳ为磨制石钻，Ⅴ—Ⅷ为打制石钻。实验结果表明，钻头为圆锥体的Ⅰ号工具难以完成钻孔实验

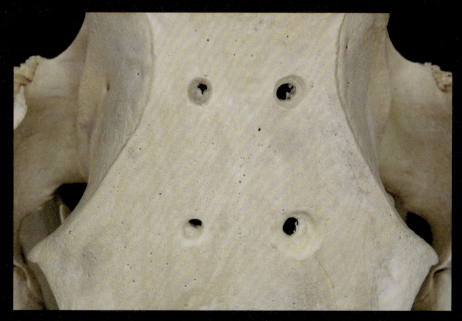

在家猪颅骨标本上进行的颅骨钻孔实验，不同形状石钻的钻孔速度以及所钻孔洞的形状、直径均有所不同

部落的原始医疗方法可能会带来一些启示，比如美洲的印加人会利用安第斯山的雷诺尼亚（Retania）植物的根和普马布卡（Pumacbuca）灌木榨取的汁液来进行止血；非洲的奥雷斯人会对施术部位的头皮进行烙印以露出骨骼和止血，接着会排出伤口处的脓液并使用旋转钻孔器开孔，最后使用蜂蜜、黄油和草药来敷伤口；南美洲的印第安人会使用可可和曼陀罗的叶子来充当麻醉剂。

一种新的假说

现代医学中，颅骨钻孔引流术主要用于清除血肿和缓解颅内压；西方的文献记载中，开颅还常被用于治疗抽搐、癫痫等神经性疾病。除此之外，学者们还根据甘青地区先羌人的生活习惯，提出了一种新的假设。

在人类文明的发展过程中，人与病原体的关系是不可忽视的关键因素。据

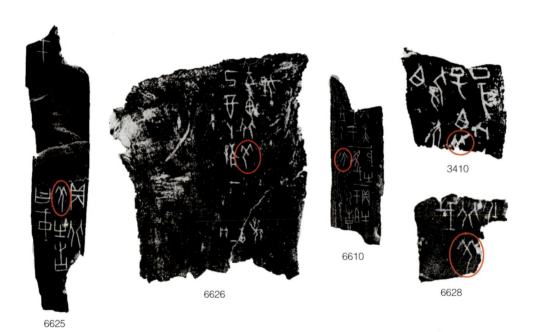

甲骨文中"羌"字结合了"羊"与"人"的象形

图片引自《甲骨文合集》，中华书局，1978—1982年，第二册：579页；第三册：1005、1007页

寄生虫学研究，在步入农业社会之后，人类更加容易感染上寄生虫疾病。在距今4000年左右的甘青地区，气候的变化使气温和降水量逐渐上升，草原畜牧业逐渐形成，先民们不仅种植粟和黍等农作物，家畜的饲养也从养猪为主逐渐转变成养羊为主。

根据现代的健康调查，多头绦虫是在绵羊和山羊中最为常见的寄生虫，有极高的概率会诱发人畜共患病。感染多头绦虫之后，羊或者人的脑部都会因为寄生虫感染而产生压力性萎缩，合并头痛、高血压、失明、瘫痪等继发性疾病，如果不采取有效的治疗措施，宿主最终会因一系列并发症而失去生命。即使在现代的西藏、四川、青海等较偏远的牧区，多头绦虫感染仍然是一种高发的人畜共患病。

生活在史前甘青地区的先羌人与羊的关系密不可分。在甲骨文中，"羌"字正是由"羊"的象形转化而来。许慎在《说文解字》中提到："西戎牧羊人也。从人从羊，羊亦声。"因此不难想象，以放羊谋生的先羌人，在医疗卫生都不发达的史前社会中，感染人畜共患病的风险也非常高，这也极有可能是甘青地区治疗性开颅术出现的诱因之一。

（作者：杨诗雨）

2500年前欧亚草原南下牧人的刀光"箭"影

青铜时代,欧亚大陆中南部的农业文明发展起来,北方仍然是游牧文化。古代中国北方边境是这两个文化群体的接壤处。由于气候变化、自然资源的减少和人口压力的增加,北方游牧人群连同他们的游牧文化逐渐南迁。与此同时,中原地区农业技术和生产力提高,人口急剧增加,中央政权统辖下北方诸侯国也向北扩张领土,包括赵、秦、燕在内的诸侯国开始沿着北方边境修筑长城,抵御北方游牧人群的入侵。因此,这个地区作为政治和经济互动的区域也被称为古长城地带。

游牧人的墓葬

内蒙古自治区赤峰市林西县的井沟子墓地位于今天的西拉木伦河北岸、大兴安岭延伸以南地区,2500年前这里曾是北方游牧人群与中原农业人群交流之地。这里水草丰美、牛羊成群,游牧文化与农业文明各自发展壮大,碰撞与冲突愈演愈烈,时常上演游牧骑士与中原农业人群之间的逐鹿。今天,考古学家通过对井沟子墓地的发掘,复原了一场两千多年之前的激烈冲突。考古学家发现了58座游牧人群的墓葬,随葬品主要有骨器、陶器、青铜器等,其中以鹿角制作的精美箭头和粗制的青铜饰品居多,青铜兵器仅有两把铜匕首和九个铜箭头。几乎每座墓葬都有牲畜随葬,以马(48.26%)、牛(22.45%)和羊(21.43%)为主,还有少量驴和犬等。墓地中没有发现农具和猪骨,这表明当时的人群可能并没有主要从事农业生产。根据墓葬的埋藏风格,考古学家认为墓地使用时间为公元前550年左右,木炭样本的放射性碳-14年代测定显示年代为距今2485年左右。墓葬独特的埋葬方式,随葬的陶器风格、武器类型等都透露出外来文化的气息，与俄罗斯贝加尔湖地区以及亚洲北部文化较为相似。体质人类学和古遗传学研究也表明，这群人的体质特征与当地人不同，与北方游牧人群有更多的遗传相似性。种种迹象表明井沟子墓地中埋葬的这群人并非生于本地的居民，而是在较短时间内突然出现在这片区域的，他们很可能是从更靠北部地区迁移而来的游牧人。

致命箭伤

对发掘出土的153具人类遗骸鉴定后的结果显示，死亡数最多的是小于14岁的未成年人，死亡率高达45.1%。青年期（15—23岁）和壮年期（24—35岁）人口的死亡率分别为19%和19.6%。36—55岁的中年人死亡率是3.3%，未见一例大于55岁的老年人。古长城地带同一时期的其他人群中死亡数最多的是36—55岁的中年人，而井沟子人群中死亡数最多的却是未成年人、青年人和壮年人，这里的人口寿命明显较短。在这153人中，有17例个体的头部、四肢或者腰胯部存在不同程度的创伤，其中包括6例男性，10例女性，另外还有一个头部遭受钝器打击的未成年人。

两个被箭射死的人

该人群中还发现了两例遭受致命箭伤的个体。第一例个体编号为02LJM46B，发现于墓葬M46中，墓葬类型属于多人合葬的竖穴土坑墓，除了个体02LJM46B以外，墓葬中还有3名年轻男性和1名儿童。随葬品与其他墓葬没有什么大的区别，包括陶罐、几件青铜小装饰品、日常工具、鹿角箭头、青铜箭头以及动物骨骼。这例个体被一支青铜箭头射入胯部，伤口位于右盆骨前侧，在髂前上棘和髂前下棘之间。伤口距离耳状关节面仅27毫米，距离髂骨脊仅73.6毫米。箭头与盆骨表面有倾斜角度，以从前向后的方向直接插进了骨骼。在显微镜下观察，伤口没有愈合的迹象，表明该个体在受伤后很短时间内便死去。

第二例个体编号为02LJM47B，发现于墓葬M47中，墓葬类型、埋葬方式

02LJM46B右侧髂骨中的箭头

与上一座墓葬相同,为多人合葬墓,墓葬中有1名年轻男性、1名年轻女性、1名儿童以及1名性别不明的成人。该例个体被一只青铜箭头射入了后腰部,伤口位于第12节胸椎与第1节腰椎之间,箭头从后往前直接插进了第1节腰椎。

研究者对创伤样本扫描了CT数据,通过Mimics16.0软件重建了三维模型。在髂骨损伤CT模型中,还重建了该个体的主动脉。经过分析认为,箭头可能没有损伤髂外动脉,因此,这种伤害可能不会立即导致死亡。在脊椎损伤模型中,箭头穿过背部肌肉和椎管射入椎体,也可能不会立即导致死亡。随后,研究者还重建了箭头的三维模型,这两支三翼箭头与该地区的箭头风格一致,是当地农业人群铸造并普遍使用的武器。

从临床学角度来看,这例髂骨损伤属于穿透性创伤,由穿过腹部的尖锐箭头引起,箭头穿透皮肤、外斜肌、内斜肌、横斜肌、横筋膜、壁腹膜、髂

井沟子 02LJM47B 腰椎嵌入的箭头

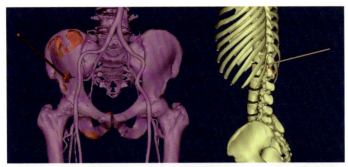

将髂骨和脊椎的重建图像叠加到现代模型上，红色部分是原始样本

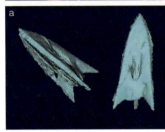
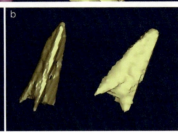

三维模型中重建的箭头

a 从髂骨损伤中取出箭头；b 导致脊椎受伤的箭头

肌和髂骨。重要的内脏器官，如盲肠或结肠很可能受到损伤，伤口很可能引发致命性的并发症。穿透性损伤导致大量出血，皮肤组织会剧烈疼痛并肿胀，伤口感染可能会从邻近区域受伤的皮肤和深层组织迅速蔓延，血液、脂肪、肠道内容物和液体会在下腹部和盆腔积聚并堵塞，从而导致血管系统持续性感染。在一个没有抗生素的时代，这种损伤足以在几天内导致伤者罹患败血症而加速死亡。椎骨上的损伤也属于穿透性的，其损伤机制较为清晰，入口位于下背部，箭头穿过皮肤、胸腰椎筋膜、竖脊肌、多裂肌和棘间韧带，最终到达椎体，脊髓（腰椎肿大）、蛛网膜和椎体内静脉血管明显受损，临床上脊髓损伤很少致命。脊髓损伤的症状取决于损伤的严重程度和损伤部位，包括感觉功能或肢体控制功能部分或完全丧失，由于损伤位于第12胸椎和第1腰椎之间，腰椎肌肉力量通常会被减弱，下肢可能瘫痪。内斜肌、腹横肌、膀胱和直肠括约肌，以及下肢、腹股沟、臀部和会阴的感觉功能出现障碍，不能自主控制，而脊髓蛛网膜损伤导致的脑脊液泄漏可致患者脑瘫。

动荡时代

骨骼创伤可以反映人类社会的冲突事件，井沟子人群遭受创伤的比率为11.1%。大多数创伤是临死前造成的，且多发生在长骨上。颅骨创伤更常见于女性，以往有研究分析了女性颅脑损伤的高发病率，并推断这可能与家庭、群体内部紧张的关系或群体之间的冲突有关。在一些女性个体身上发现了多处骨骼创伤，甚至在2—5岁未成年人身上也可以观察到颅骨钝性创伤。有学者推测，在井沟子人群中，女性和未成年人曾遭受高风险伤害事件，人口统计数据也在一定程度上反映了这个地区恶劣的生存环境。例如，在整体人群中，未成年人死亡数量所占比例最大（45.1%），而成年男性和女性群体的最高死亡年龄为15—35岁；未发现老年个体，整个人群的寿命很短。与青铜时代的其他人群相比，井沟子的未成年人死亡率极高。个体02LJM46B和02LJM47B两处箭头损伤边缘的形态以及X光和CT图像显示没有新骨形成的迹象，说明这两例个体被箭射中后没有得到有效治疗，在短时间内死去。腹部和下背部这两处射伤的临床后果很严重，创伤都位于身体比较脆弱的部位，显然，射出弓箭的人是特意瞄准这些部位射击的。考虑到大多数观察到的其他创伤都是在死前发生的，以及年轻人的高死亡率、躯干上的死前损伤形态特征以及锋利的青铜箭头这些因素，我们可以推测，这些致命损伤是在人群间爆发冲突的过程中造成的。

放箭者是谁？

井沟子墓地发现的攻击性装备与其他随葬品相比，较为特殊的是三翼箭头。在58座墓葬中，其中7座墓葬共发现了9支青铜箭头；其中8支是三翼有銎箭镞，1支是双翼有銎箭镞。这些发现青铜箭头的墓葬与其他墓葬相似，既有单人葬，也有多人葬。用于随葬的青铜箭头数量并不多，它们紧挨墓主人躯干分散摆放。在这些墓葬中发现的最常见的武器是鹿角制成的箭头，共251支，成捆整齐有序地摆放在墓主人旁边。这一现象可能表明，鹿角箭头

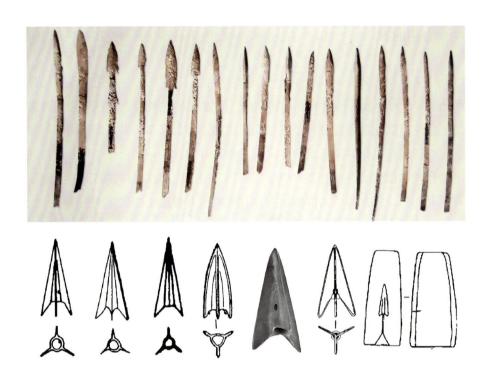

井沟子人群鹿角箭头与古长城东段常见青铜箭头
上图为井沟子的鹿角箭头；下图为青铜箭头类型，以及用于箭头铸造的石头模具

是作为随葬品特意放置的，而青铜箭头是在随葬过程中意外地留在了死者体内。鹿角箭头和青铜箭头在材料、形状和位置上的差异表明，青铜箭头可能来自另一个与井沟子群体作战的人群。在墓地发现的所有青铜器中，95%是装饰品，4%是日常工具，只有1%是武器。金属元素和铅同位素分析表明，几乎所有的装饰品和工具都是铜–锡–铅合金，这与那个年代当地铜矿的材料明显不符。对箭头进行分析后发现，它是铜–锡–砷合金，含有大量银，这与当地的金属成分一致。铅同位素分析也支持其为本地铸造，因此，日常使用的青铜装饰品不是本地铸造的，但极少量的箭头可能来自本地。基于对箭头外部形状的检查和三维重建，这种青铜三翼套箭有着特定的流行区域，主要流行于青铜时代的古长城地带东段，这些当地居民属于另一个文化群

体,称为夏家店上层文化,广泛分布于内蒙古东部和辽宁西部。他们的丧葬方式与井沟子墓地人群完全不同,墓葬朝向东南,有石棺,精美的青铜器和武器极其丰富,甚至在一些墓地中发现了青铜头盔和铸造青铜箭头的石范。因此我们认为,这些青铜箭头可能属于居住在古长城地带东段的当地居民,是他们向井沟子人群拉开了弓弦。

为生存而战

箭伤是世界各地古代人群遭受袭击的常见骨骼证据,从原因来看,人群冲突造成的伤亡可能发生在许多不同的社会情境中,从人际冲突到因领土扩张、社会统治或经济剥削而导致的不同人群之间的战争。纵观人类历史,气候变化一直是人口迁移的重要原因,在中国古代,气候变化与人群冲突之间存在显著的关联。当气候变冷时,前一个温暖期造成的人口增加和生计资源减少,导致人口压力致使人群之间冲突的频率更高。气候变化与中亚东部和蒙古草原南部游牧民族的历史迁徙有着密切的关系。气候学数据表明,在青铜时代,欧亚大草原经历了变冷变干的气候变化;对过去2600年来中国北方的地质研究也表明,公元前665年至前510年之间,亚洲北部和东部经历了一个寒冷时期,这恰好是井沟子人群生活的时期。这种气候变化导致游牧民族为了追求更好的草场而向南迁移。

人群的融合

古长城地带作为连接欧亚北部草原和东亚农业区的重要地带,它见证了不同人群的迁徙、融合和冲突。在整个青铜时代,中央政权下辖的北方诸侯国和北方游牧人群在各自的发展过程中,时常发生冲突和战争。不仅史料记载了农业人群与游牧人群之间的频繁冲突,最近对古长城遗址的调查也证实了这种现象。燕国修建的长城位于井沟子墓地东南约100公里处。在过去几年里,考古学和人类学证据表明,这里盛行着几种不同的考古学文化,甚至在同一个时代的墓地中也可以发现不同的丧葬习俗和不同体质特征的人群。因此，人们普遍认为，这一时期不同人群间发生着渐进性和适度性的融合。作为该地区最早出现的北亚人，井沟子人群与当地农业人群的关系，为重建欧亚大陆东部人类历史进程提供了宝贵的证据；人群融合过程的多元格局为中国北方游牧文化带的最终形成奠定了基础，开创了中国历史上一个新的时代。

（作者：高国帅）

战争之殇
吐鲁番早期铁器时代墓葬中发现的颅骨创伤

西出玉门关与阳关,这是一片汉以前没有历史记载覆盖到的地方。一直到西汉王朝的统治者发现这里拥有牵制匈奴势力的战略价值,史学家们才开始关注它,并记录下了它被赋予的新名字——"西域"。早年的历史记载大多局限于军事和外交,对于此地先民的文化和生活面貌少有着墨。被历史忽视的人群,背后尘封的故事,如同一张字迹已泯然不可识别的纸。在考古学家和人体骨骼考古学家细致的发掘和缜密的推理中,一些字迹正在悄然显现。

发现吐鲁番盆地的史前先民

时间回到2011年。新疆吐鲁番市加依村的村民正在一处位于台地上的现代公共墓地中开挖新的墓穴,突然,一些人骨和碎陶片引起了他们的注意。考古工作者接到汇报后赶到现场,抢救性地清理了一些已被破坏的墓葬。根据现场出土的遗物,他们很快判定这是一处史前时期的墓地。2013年12月,正式发掘被排上日程。在40天的田野工作中,考古学家共清理出182座史前先民的墓葬。

加依墓地的主人是一群怎样的人呢?作为亡者的长眠之地,墓葬为我们提供了一些他们的身份信息。单人墓多达170座,墓主人大多呈仰身、双足并拢、膝盖向上弯曲的葬式。随葬器物以陶器和木器为主,尤其是精美的单耳彩陶罐和木质的非实用性质的弓,另有在陶木容器内盛放羊骨、动物粪便和植物种子的习俗。极大的同质性表明加依墓地属于一个文化面貌较为单一的人群;墓葬中发现的弓模型和动植物遗存则暗示他们获取食物的主要方式可能是畜牧和狩猎,并从事一定规模的谷物种植。

加依墓地发掘现场全景

图片引自王龙、肖国强、刘志佳、吕恩国、吴勇《吐鲁番加依墓地发掘简报》,《吐鲁番学研究》,2014(01):1—19、157—161页,图版一:1

加依墓地M43。这种仰身、双足并拢、膝盖向上弯曲的单人葬葬式在加依墓地非常常见。该个体的下肢骨倚靠着左侧的墓壁,这是由于填土被揭露后缺乏支撑

图片引自王龙、肖国强、刘志佳、吕恩国、吴勇《吐鲁番加依墓地发掘简报》,《吐鲁番学研究》,2014(01):1—19、157—161页,图版一:4

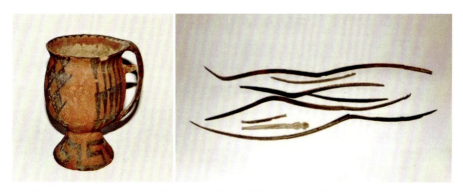

加依墓地出土的典型器物——单耳圈足彩陶罐和木质弓模型。前者多用来盛放动植物遗存，后者则制作粗糙，无法被实际使用，应当为象征性器物

图片引自王龙、肖国强、刘志佳、吕恩国、吴勇《吐鲁番加依墓地发掘简报》，《吐鲁番学研究》，2014（01）：1—19、157—161页，图版三：11，图版四：4

颅骨创伤

戈壁砾石构成的干燥地貌为加依墓地的骨骼遗存提供了极佳的保存条件。现场的考古工作者细致地采集了墓葬中发现的所有人骨遗存。发掘结束后，为了更好地解读人骨遗存上保留的重要信息，当地考古工作者委托吉林大学考古学院体质人类学实验室对这批人骨的身份信息进行研究。在观察的过程中，实验室研究者们惊奇地在一些加依先民的颅骨上发现了明显的创伤证据。这些创伤是如何造成的？它们是否能向我们提供一些有关加依先民生活的重要信息呢？

人体骨骼考古学家是如何识别颅骨上的创伤的呢？我们得从颅骨的结构讲起。与主要由密质骨、松质骨和髓腔构成的长骨结构不同，颅顶骨主要是由坚硬的内外两层密质骨与中间所夹的一层名为"板障"的松质骨构成。这种坚硬的结构为内部的大脑提供了强有力的保护。当外部力量作用到颅顶骨时，骨骼的弹性首先发挥作用，此时的骨骼尚未发生骨折，而是表现出一定的变形；而外部力量瞬间超过了骨骼本身可以承受的最大力量，才会发生骨折。

当骨骼考古学家发现颅骨骨折时，通常有两个关键问题需要回答。

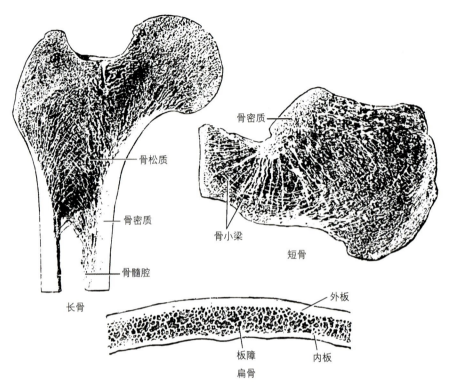

人体由206块骨骼构成,按照形状,可分为长骨、短骨和扁骨。长骨顾名思义呈长柱状,主要包括四肢的骨骼,如图示的股骨(左上),由密质骨包裹松质骨和髓腔构成。短骨一般似立方体状,有多个与其他骨相连接的关节面,主要分布在承重且运动复杂的部位如腕部和踝部,如图示的足跟骨(右上),由表面的密质骨包裹内部的松质骨构成。扁骨则呈板状,主要构成颅腔和胸腔壁以保护内部脏器,如图示的颅盖骨(下),由坚硬的内外板和较为疏松的一层板障构成

图片引自https://special.chaoxing.com/special/screen/tocard/84232540?courseId=84232526

首先,骨折是何时发生的呢?发生在死亡事件之前一段时间的骨折(即"死亡前"骨折)是最好判断的,因为伤口周围或多或少会出现愈合的证据。发生在死亡事件前后的骨折(即"围死亡期"骨折,亦包括导致死亡的骨折)则较难与死亡后的骨损伤相区别。骨骼考古学家通常会根据伤口周围的特征进行综合判断。一些重要的证据包括断面的颜色(如果骨折发生在埋葬行为之前,那么在同样的埋藏环境下,骨折断面会呈现出与骨骼表面相近的颜色);

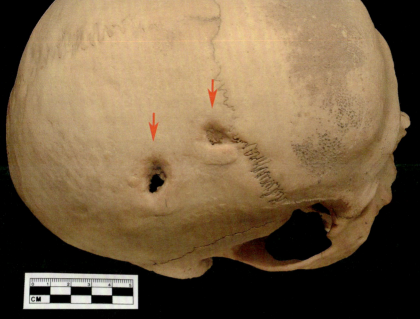

加依墓地M57墓葬中成年男性个体颅骨右侧的两处生前投射伤。圆钝的边缘以及不规则加厚的骨壁都是愈合良好的证据

加依墓地M174墓葬中的一名儿童，前额上有一道钝器伤。圆形的凹陷周围有细小的碎骨附着，四周呈放射状分布着三道较为细微的骨折线，这些都是围死亡期骨折的证据

骨折线的分布规律（单次打击行为会使骨骼表面围绕打击点出现放射状与环状的骨折线）；断面与骨表面所成的角度（骨骼尚未失去活性时，受到弹性的影响，断面会与骨表面成锐角或钝角，骨骼失去活性后这一角度则通常为直角）；以及骨折处周边有没有碎骨附着（骨骼的活性特质会使骨折中产生的一些细小碎骨附着在周围）。

另一个关键问题则是，这个骨损伤是什么工具造成的呢？研究者通常将颅骨的骨折分为锐器伤、钝器伤与投射伤。锐器导致的创伤通常会在骨骼上留下明显的表面划痕或平滑的断面；钝器的打击则会在骨骼表面形成规律的骨折线或者大面积破碎；而投射伤则是武器以一个较高的速度穿透一个较小的打击面所留下的创伤，通常会在骨壁上留下明显的穿孔。骨骼考古学家通过对骨折形态的分析，还可以获知例如武器特征、打击方向、发生场景、愈合时间、医疗处理手段等更多方面的信息。

让骨头"说话"

为了探究吐鲁番先民颅骨创伤背后的原因，研究者们对来自加依墓地以及与加依墓地时期相近、考古学文化面貌相似的洋海和胜金店墓地的129具保存较为完整的先民颅骨进行了细致的观察和记录。

尽管颅骨上的创伤也有可能是摔倒、坠落或重物高空坠落砸中等所致，考虑到吐鲁番盆地以绿洲为主的古环境，这些先民的大多数颅骨创伤，尤其是其中最难识别动机的钝器伤，大多被推测是暴力造成的。研究者们最终在21具先民颅骨上识别出了死亡前以及围死亡期的创伤，这一数量占总观察个体数量的16.3%。这一发生率明显高于内蒙古大堡山墓地埋葬的战国时期先民（4.5%），而又略低于柬埔寨彭斯奈（PhumSnay）遗址埋葬的前吴哥王朝人群（23%）。前者是普通的农业人群，后者则在社会中广泛存在着资源竞争。另一个令人震惊的数据是颅骨创伤中围死亡期创伤占据的极高比例。研究者们在76例创伤中仅识别出14例有愈合痕迹的创伤，占全部创伤的18.4%。而这一比例在彭斯奈人群中则高达83.3%。该数据表明吐鲁番先民所受的颅骨创

加依墓地编号为M197：3的男性下颌骨右侧有一道不连续的砍痕。放大后可见，砍痕断面较为平整，颜色与骨骼表面一致，应当产生于围死亡期。这可能是斩首留下的证据。该个体的鼻骨上也有一道钝器伤

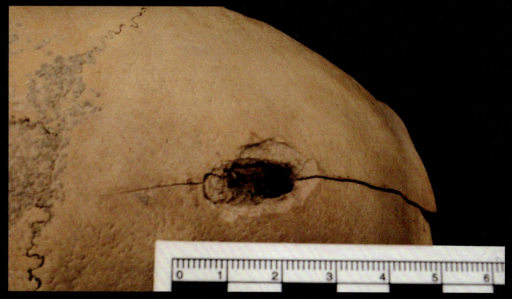

这是加依墓地编号为M44的男性前额上的一道围死亡期投射伤。穿孔的形态特征显示武器从该个体的后上方以倾斜的角度穿透颅壁，并导致穿孔前部骨皮质的部分剥落

胜金店墓地编号为M16∶C的儿童颅顶前部有一处围死亡期穿刺伤，清晰地记录了武器的横截面形态。符合条件的长柄薄刃武器在三个吐鲁番墓地中均未发现，研究者据此认为，这可能是袭击者携带来的非本土地区流行的武器

伤大多数带有一击致命的特征。此外，吐鲁番先民中女性的创伤率较其他对比组人群明显更高，甚至在3名未成年个体的颅骨上也发现了创伤。

研究者们还对创伤的位置和袭击者所使用的武器进行了猜测。其中17.1%的创伤位于颅顶，这个位置说明，袭击者当时可能骑在马背上。一道长条形的穿刺伤则被认为是一种带薄刃的长柄武器导致的，而符合此特征的武器在三座墓地中均没有发现。

结合颅骨创伤所发现的证据，研究者们最终得出了这样的结论：以掠夺绿洲资源为目的的外来人群最可能是吐鲁番先民颅骨创伤形成的原因。根据人类学家的研究，人类历史上的暴力行为有很多种不同的形式，如家庭暴力、群体内部矛盾、仪式性或惩罚性暴力、战争等，吐鲁番先民的颅骨创伤则显示他们所经历的更像是不分男女老少,以致死而非惩罚为目的的严重暴力伤害。此外,他们被埋葬的方式以及墓葬中武器和防具的缺乏显示其身份更像是普通人而非战士,而在袭击事件发生之后埋葬他们的则是他们的至亲和族人。

(作者:张雯欣)

蹒跚青春
骨癌少年的"成长痛"

恶性肿瘤是仅次于心脑血管疾病的第二大致死病因,已成为当今世界人类生命的重要威胁。人们常常认为癌症是流行于现代人群的一种疾病,而在中国北魏时期的山西大同,一名患有恶性骨肿瘤的少年让我们重新认识了这一疾病的历史。

历史文献中的肿瘤

国内外诸多历史文献都曾记载过与肿瘤相关的内容。大约在公元前16世纪,埃及人曾在医学文本《埃伯斯纸莎草书》中记录了当时人们不同身体部位生长肿瘤的情况,并提出灼烧治疗的手段,对累及身体周围部位的肿瘤会进行切除甚至截肢,有研究者认为其中一些手术很可能是针对癌症进行的。在我国,战国时期就有关于骨肿瘤的描述,医学著作《灵枢·刺节真邪》中写道:"有所结,深中骨,气因于骨,骨与气并,日以益大,则为骨疽。"这里所记载的"骨疽"很有可能就是我们现在所说的骨瘤。到了唐代,孙思邈在《备急千金要方》中不仅对肿瘤进行了分类,还首次提出"骨瘤""肉瘤"的病名。此外,《千金翼方》《外科正宗》等医学史籍还记录了肿瘤的发病机制以及治疗方法。尽管这些文献并未详细描述"肿瘤"的性质,但可以肯定的是,早在几千年前,古人已经对肿瘤产生了一些认识。

考古发现的肿瘤

在考古学上,肿瘤的骨骼遗存并不少见,最为常见的便是骨瘤。这是一种

考古人员在南非发现的最早的古人类癌症化石

图片引自 Odes, E.J., Randolph-Quinney, P.S., Steyn, M., Throckmorton, Z., Smilg, J.S., Zipfel, B., ... Berge, L.R.. Earliest hominin cancer: 1.7-million-year old osteosarcoma from Swartkrans Cave, South Africa. *South African Journal of Science*, 2016, 112（7/8）

良性肿瘤，也叫扣状骨瘤、象牙骨瘤。这种肿瘤在骨表面表现为光滑且致密的圆形凸起，尺寸一般较小，约为1厘米，在现代人群中的发生率约为37.6%，考古材料中的发生率可达41.1%。可以说，骨瘤无论是在古代还是现代都是十分常见的。相较于这种良性肿瘤的普遍存在，恶性肿瘤在考古中是极为少见的。据报道，考古学家在南非的斯瓦特坎斯（Swartkrans）洞穴中发现了一例长在人跖骨上的骨肉瘤，这一个体距今约有170万年，可能是目前已知最早的人类恶性肿瘤的实物遗存。这一发现也证明了癌症这种疾病由来已久。尽管这种疾病在百万年前就已经影响了人类生活，但是它在考古学发现中仍是罕见的。古代癌症数据库的数据显示，目前考古发现的恶性肿瘤不到300例，其中恶性骨肿瘤仅有30余例。在中国，恶性肿瘤的考古发现更是寥寥无几。

北魏大同的少年遗骸

2013年，为了配合大同东信广场的建设，大同市考古研究所对该区域进行了钻探和发掘。发掘和整理结果表明，东信广场墓地群的随葬品具有典型的北魏时代特征，应属北魏早中期。总体而言，墓葬大小和形制都比较一致，随葬品没有明显差异，相关学者认定这一墓地埋葬的先民阶层相近。墓地共发现了1129例骨骼遗存，其中在15例个体中发现了良性肿瘤，在一名未成年个体中发现了一处疑似恶性肿瘤。

研究者们对这一患有罕见疾病的未成年人展开了更为具体的研究。经过体

少年遗骸
a 现场墓葬图；b 骨骼遗存的解剖学摆位

质人类学鉴定，患病个体是一名14—17岁的青少年。但由于骨骼破碎比较严重，常用于性别鉴定的关键部位都已缺失，同时未成年人两性差异不明显，研究人员无法对性别进行判断。

据发掘者描述，这名未成年人墓葬并无特殊葬式，随葬品较少，仅发现了一件陶器和一件石灰枕，能获取的信息十分有限。根据以往的考古发现，在早期鲜卑人的墓葬中就有使用头枕的报道。比如在内蒙古察右后旗赵家房村鲜卑墓地，就发现了遗骸头部枕石的现象，这说明分布在阴山以南的早期鲜卑集团中已存在死者头部枕物的习俗。此外，在鲜卑人分布的辽西地区也有过相关发现。朝阳八宝村一号墓就存在棺底铺垫石灰和死者头枕石灰枕的现象。从已有的考古研究来看，石灰枕多出于鲜卑族人或者鲜卑化的汉人墓葬中，因此有学者认为头枕石灰枕很可能是一种鲜卑族葬俗。作为鲜卑人入主中原建立的王朝，北魏时期存在一定规模的人群融合，东信广场墓地人群的同位素分析结果也证实了这一现象。结合时代背景和随葬品情况，这名青少年很有可能是鲜卑族人或鲜卑化的汉人。

肿瘤的鉴别诊断

现代医学对肿瘤的诊断往往需要临床诊断、病史分析、实验室诊断、影像学分析、病理学诊断以及肿瘤分子诊断等多种手段相结合，才能做出相对准确的判断。古代遗存受到埋藏环境的影响，软组织是难以保存的，因而影像学成为病理诊断的重要方法。当然，研究者在诊断的过程中还需要结合已发现的古代样本以及现代医学的临床经验，比如病变发生的位置和病人的年龄、性别等，这些都是重要依据。在对这名青少年骨骼上的病变进行鉴别诊断的过程中，我们应用了计算机断层扫描（CT）和形态观测的手段。

我们发现这名青少年的左侧股骨从中部断开，病变部分大约长148毫米，病变处可见明显的成骨反应和溶骨性破坏。在左侧骨干远端三分之一处形成了直径约为50毫米菜花样的肿块。这一肿块环绕骨干生长，周围的骨皮质大部分被破坏，呈现出疏松多孔的形态。同时，在左股骨的断口周围形成了一层

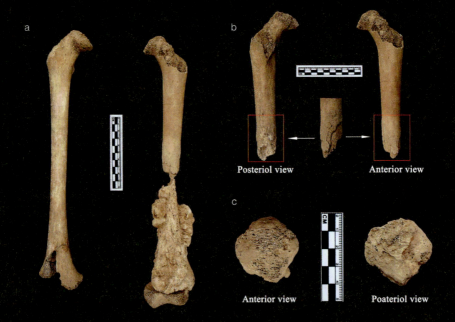

左右股骨及髌骨

a 左右股骨对比；b 左侧股骨上形成的编织骨；c 左侧髌骨背侧可见骨质破坏

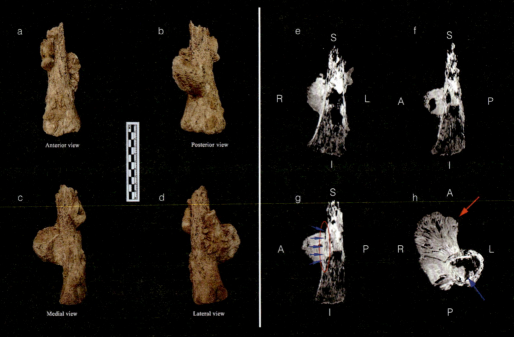

病变的多角度视图

g 蓝色箭头指向"分裂面"；h 红色箭头指向"分叶状肿块"，蓝色箭头表明髓腔被病变侵犯

灰色的编织骨，表明这名青少年死亡时正处于发病状态。此外，左侧髋骨背侧出现明显的骨质破坏，呈现出凹凸不平的外观，这可能也是病变造成的结果。尽管死亡后这名青少年的胫骨和腓骨均有不同程度的破损，但这些骨骼上并未发现生前病变带来的异常。在保存的其余骨骼中也未观察到任何病理或异常迹象。

在CT图像中，一个清晰的高密度分叶状外生肿块从骨干的后部和侧面突出来。骨干的密度分布不均匀，外生的骨肿块相较于周围骨质密度更高。"弦征"的存在表明病变与受累骨髓腔分离，此外髓腔也被病变侵犯。

这些病理特征与很多良性或恶性骨肿瘤以及其他病变存在相似之处，我们将其与可能的疾病进行比较，包括骨化性肌炎、骨折造成的骨痂、骨髓炎、骨软骨瘤、骨膜软骨瘤、软骨肉瘤、尤文肉瘤以及骨肉瘤。通过比较，我们认为这是一处骨肉瘤病变。骨肉瘤是当代儿童和年轻人中最常见的恶性肿瘤，主要影响15—25岁的群体。最常见的受累部位是股骨远端、胫骨近端和肱骨近端。它分为不同的亚型，其中骨旁骨肉瘤与这例青少年的病变最为相似。它最常见的放射学特征包括：a）骨旁肿块呈高密度分叶状；b）骨肿块围绕骨皮质生长；c）相邻的皮质通常增厚或被侵蚀；d）髓腔可能受累；e）从放射学图像中可以观察到骨肿块和骨干之间的"分裂面"（也称为"弦征"）。通过观察到的病变分布和特征，以及死亡年龄，我们认为这名青少年左侧股骨上的病变与骨旁骨肉瘤一致。

骨肉瘤的影响

现代医学研究表明，骨肉瘤患者通常会伴有疼痛、局部肿胀和关节功能障碍（例如跛行或病理性骨折）等症状，也可能发生病变转移等恶化情况。其中，疼痛是最为常见的一种表现。但由于骨肉瘤多发生在青少年阶段，这种痛感极易与因骨骼生长速度较快导致肌肉牵拉造成的生长痛相混淆。很多患病的青少年和儿童也因此错过骨肉瘤的最佳治疗时间。20世纪70年代之前，化疗尚未引入，骨肉瘤的五年生存率仅为20%左右。因此，在医疗卫生水平落后

性别	年龄	年代（公元）	地区	发病部位	骨肿瘤类型
男	15+	700	瑞士	肱骨	骨肉瘤
未知	15—18	历史时期	加拿大	胫骨、股骨、腓骨	骨肉瘤
未知	12—14	800—900	德国	肱骨、尺骨	骨肉瘤
未知	8—10	1100—1200	德国	股骨	骨肉瘤
未知	14—16	1265—1380	巴拿马	肱骨	骨肉瘤
未知	16—23	1500以前	夏威夷	股骨	骨肉瘤
未知	18—20	青铜时代	西班牙	颅骨	尤文肉瘤
女？	18—20	1400—1800	德国	颅骨	骨肉瘤
男	16—18	500—700	德国	股骨	骨肉瘤
男	15—25	1200—1600	捷克共和国	颅骨	骨肉瘤

考古发现的青少年恶性骨肿瘤

的古代社会，骨肉瘤不仅会给这名青少年造成肉体上的疼痛，还可能带来致命的威胁。

研究显示，骨肉瘤常发生在长骨的干骺端，这可能会影响患者的关节功能和日常生活。我们观察并测量了这名青少年的下肢，发现股骨两侧的直径没有差异，表明在他死亡时，骨肉瘤尚未对股骨产生不对称影响。此外，左股骨中部三分之一处形成灰色编织骨，表明死亡时存在活跃的病理变化。临床发现骨肉瘤可能在4—9个月内发生肺转移。肺外转移主要发生在脊椎和骨盆，转移时间为9—10个月。除左侧股骨和髌骨外，这名青少年没有其他的骨骼异常，表明可能没有发生骨转移也未受到累及骨骼的外伤。因此，我们推测这种致命的疾病可能发展得很快，甚至导致他在短时间内死亡。

罕见的未成年恶性骨肿瘤

未成年人中偶尔会报道原发性恶性骨肿瘤的考古案例。在所有报告的病例中，骨肉瘤是最常见的，尤文肉瘤则较为少见，其他原发性恶性骨肿瘤（如软骨肉瘤、脊索瘤等）在未成年人中更是未见报道。这一病变是中国首次发现青少年恶性骨肿瘤的生物考古学证据。

根据生物考古学家的调查，大多数恶性肿瘤患者来自北欧（18.7%，51/272），其次是北非（16.9%，46/272）。在亚洲，只有少数骨骼报告有恶性肿瘤（2.6%，7/272）。这种数据分布不均可能是由于骨骼保存不良、缺乏古病理学研究，以及某些地区缺乏标准术语和诊断标准造成的。目前中国的古病理学发展尚处于起步阶段，恶性肿瘤的生物考古学数据更是极为稀少，这使得研究者无法进一步阐释恶性肿瘤在古代人群中的发病规律。因此，为了推进肿瘤的生物考古学研究，未来也许需要古病理学家们采用统一的记录原则和诊断标准，并开展大规模的数据收集。尽管如此，这一罕见病例仍丰富了我们对古代骨肉瘤和其他恶性肿瘤流行病学的认识。

（作者：由森）

藏叶于林
一场千年前的谋杀与巧诈的脱罪诡计

> 考古学家犹如现代社会派往古代社会的侦探，总是希望通过考古发掘能够获得更多的关于古代的信息。
>
> ——曹兵武

出于某些思维定式，人们时常会将蓄意谋杀和逃脱刑罚当作晚近才存在的现象，然而，一桩在宁夏回族自治区中卫市海原县石砚子墓地中发现的离奇案例表明，古人的相关行为和策略并不像一般所认为的那样"简单"。

2011年盛夏，宁夏文物考古研究所的考古工作者们正配合当地基建工程，对规划路线上发现的石砚子墓地进行抢救性发掘。这是一次稀松平常的考古发掘，有序而平淡，考古工作者们按部就班地开展工作，一座又一座的墓葬被小心地清理出来并接受他们细致的审视与记录。随着发掘的推进，一座汉代古墓（编号M12）里的特殊考古学现象被逐渐揭露出来，让原本寻常的发掘带上了些许不同寻常的色彩。

不同寻常的发现

M12位于发掘区的东北侧，坐北朝南，由墓道和墓室组成，全长20.6米。墓道位于墓室南部，全长14.4米，宽0.92米，是一道长斜坡；墓室整体呈长方形，南北长5.54米，东西宽3.1—3.32米，其北部较窄，向南逐渐变宽，考古工作者还在其中发现了木椁残存的痕迹。

经过清理，墓室内一片狼藉的状态得以展现在现场考古工作者的面前。出土了数十件遗物，按质地可分为陶、铜、铁、铅、石、骨六类，还发现有不少

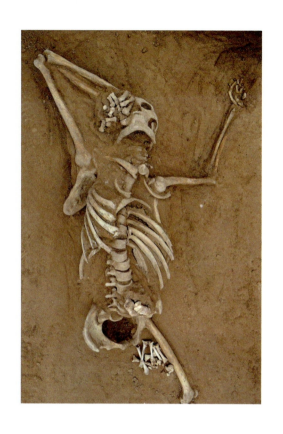

石砚子墓地M12盗洞中的人骨

五铢钱，均散乱分布在墓室内。墓主人的遗骸混乱地散落，可辨识出成年男性、女性颅骨各一具，儿童颅骨一具，以及较多混杂在一起的其他肢体部位骨骼。如此场景再加上墓室上方的盗洞，考古工作者很容易得出M12曾经遭受盗墓者洗劫的推断。该盗洞在水平面上呈不规整圆形，长径约2.21米，短径约2.05米，发掘显示盗洞直通墓底，深约6.5米，出土有铁剑、大量动物骨骼以及一具基本完整的人类遗骸。在盗洞中出土几乎完整的人类遗骸并不是常见的状况，而该骸骨整体呈现出仰头、四肢弯折外展、右手掩面且不自然的扭曲姿态，不仅显得形貌可怖，还暗示了死者生前最后的不幸遭遇。死者右侧肱骨的碳-14测年结果显示，其死亡时间为距今1270—1310年，即公元640—680年，属于初唐时期，大致处于唐太宗（公元626—649年在位）统治晚期至唐高宗（公元649—683年在位）统治时期。与此同时，墓室出土人骨的碳-14

测年结果为距今2070—2010年，约为东汉初期。这即是说，盗洞中人骨与M12墓室中人骨的死亡时间相距700余年，并不属于同一时代。

以上这些在M12中不同寻常的发现，兀然为这座墓葬蒙上了悬疑的迷雾。

死于非命？

经过体质人类学的各项指标鉴定，我们推测在M12盗洞当中发现的人类遗骸为一名年轻男性，大约25岁。从被发现的地点及其扭曲的姿态来看，这名年轻人显然不是自然死亡的，也没有经过适当的埋葬。那么，他究竟是因为意外而失去了生命，还是另有隐情呢？

一般来说，如果死者死于失足跌落，那我们会预测在遗骸的相应部位如头部、脊柱、骨盆、下肢等看到严重骨折，但专业检查显示没有这样的痕迹。不

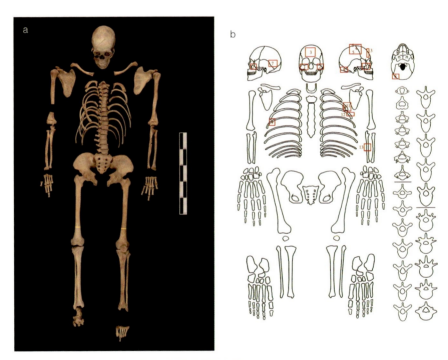

石砚子墓地M12盗洞出土个体及其创伤位置示意图

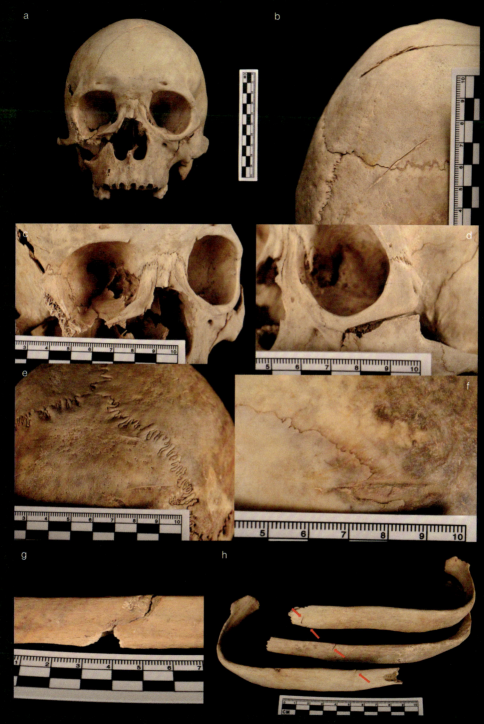

石砚子墓地M12盗洞出土个体创伤示意图

过这并不意味着死者的身体完好无损——我们在他的颅骨、肋骨和左侧尺骨上共发现13处线性锐器伤。所有损伤都未见愈合痕迹，综合损伤位置和边缘形态，推测这些创伤属于死亡过程中（perimortem）发生的创伤。

颅骨上共发现8处损伤。造成最多骨骼残缺的损伤位于右上颌骨处，在这里发现了遭到尖锐武器横向砍击的痕迹。左侧颧骨上也有一处严重的损伤，该损伤的整体形态似乎暗示尖锐武器以猛力刺入眼眶下颧上颌缝附近，然后向左斜上方快速划动，直至切断颧骨。另一处明显的损伤位于额骨处，切痕较长，推测砍击轨迹大概为从左上到右下。此外，还在顶骨、颞骨及枕骨上发现深浅不一的5道伤痕。

左侧尺骨的背侧有一处破损较为严重的创伤。观察损伤的整体情况，可推断锐器从斜下方切入尺骨，且实施攻击的力道可能很大，不仅造成了相当深的损伤，还使尺骨出现明显的开裂。

在3根肋骨上发现4处损伤。3根肋骨中，1根为右侧肋骨，2根为左侧肋骨。损伤集中发现于肋骨胸骨端。右侧第五肋上缘发现一处切痕，左侧第三肋下缘及肋体各发现一处切痕，左侧第四肋上缘发现切痕。根据其分布的情况，推测为刃器刺伤。

以上所有损伤都为V形切痕，切口的尺寸和深度说明这些创伤是由非常锋利的武器造成的。从肋骨上的损伤情况推测，该武器有可能为剑一类的形制，双刃且窄身。

从颅骨、肋骨、尺骨上的死亡过程中发生的创伤来看，我们认为该个体死于暴力攻击，并在攻击发生时或发生后很短时间内死亡。颅骨上由锐器导致的创伤都很深，尤其是面部两处损伤，在当时应该造成了非常严重的创口和出血，但颅面部创伤还不足以造成个体的迅速死亡。

肋骨上因刺伤造成的损伤为我们提供了更多信息。特别值得关注的是左侧的损伤，距离心脏非常近。心脏约2/3位于身体正中线左侧，1/3位于正中线右侧，前方对向胸骨体和第二至六肋软骨，后方平对第五至八胸椎。根据切痕的位置和倾斜的方向，我们猜测在其中的一击中（左侧第三肋下缘），武器有可能斜向刺破了心脏；左侧第四肋和右侧第五肋处的创伤则显示，胸腔被刺破。

这些伤势在临床上导致的后果都是致命的：心脏破裂与血气胸。

大多数切痕集中出现于中轴骨的前面，提示我们该个体主要遭遇了正面袭击。一般情况下，受害者在正面遇袭时都会下意识使用上肢进行格挡以自卫，该个体也不例外。我们观察到骨骼损伤也波及上肢，在左侧尺骨的背侧发现了较深的切痕和骨裂，这种损伤属于防御伤。顶骨上两道自右向左斜后方的切痕与枕骨上的切痕则显示该个体至少还遭受了来自后方的攻击。攻击者可能为单人，也有可能为多人。

死者身份的可能性

因遗骸发现在盗洞内，这名死者最初被认为可能死于盗墓同伙之间的火并。不过，盗洞内的堆积情况并不支持这样的假设：死者倒在盗洞内的自然沉积物上，而这一位置高出墓室底部约4.5米。此人身份究竟为何？我们有理由认为，这名年轻人的死亡很难与盗洞建立起直接的联系，更无法与盗墓行为相关联。M12盗洞遗迹中出土受害者颅骨、肋骨及尺骨上的创伤显示，这名年轻人曾遭受到了严重的暴力加害并存在自卫行为。袭击针对的部位集中于脆弱的头部和胸部，这一现象显示攻击者对受害者的恶意昭然若揭，具有杀害对方的清晰意图。由是，我们推测M12盗洞遗迹中的死者大概率并非盗墓者，更有可能是一起袭击或谋杀案件中不幸的受害者。

"藏叶于林"[1]策略

这名生活在唐朝的年轻人很可能是一起袭击或谋杀案件的受害者，在袭击发生后，重伤濒死的他被抛弃在一座汉代古墓的盗洞遗迹中。由暴力攻击引发

---

[1] 类似于"藏叶于林"的表述，从历史上看中外皆有。在古代中国，有明朝杨慎《韬晦术》："夫藏木于林，人皆视而不见，何则？以其与众同也。藏人于群，而令其与众同，人亦将视而不见，其理一也。"而在近代西方，也有英国著名侦探作家G.K.切斯特顿在小说《断剑》中借笔下角色布朗神父之口讲出的经典名句："聪明人想藏起一片树叶，应该藏在哪儿？藏在树林里。"

的非自然死亡、死亡时间远晚于原坟墓使用时间，以及异常的死亡地点（废弃墓地），这些特征不仅使在M12盗洞遗迹中发现的这一特殊考古学现象显得足够离奇，同时还导向另一种推测——这一现象可能属于"杀人藏尸"行为留下的骨骼证据。

在坟墓或墓地中隐藏受害者的遗体，这种"藏叶于林"的手段是一种巧诈的脱罪诡计，在现实谋杀案件或虚构的文学作品中都并不算罕见。有观点认为，尽管谋杀行为本身及其动机可能是非理性的，但攻击者/犯罪者对处置受害者地点的选择却往往是理性的，且能够避免罪行的即刻暴露与随之而来的逮捕及严厉惩罚；而一千多年前相关领域的技术手段与认知水平并不足以分辨埋藏在墓中的骸骨到底是"旧"还是"新"。在此案件发生的唐朝，根据当时法律《唐律疏议》的规定，对实施谋杀并致人受伤或死亡的，皆要处以极刑，或绞或斩。一旦罪行败露，随之而来的严厉处罚和高昂代价将令攻击者/犯罪者难以承受，这是攻击者/犯罪者想方设法掩盖罪行的最主要动机。"藏叶于林"策略的实施，目的就是为了消灭罪证，躲避惩罚。

现在，让我们来再次复原一下当时可能的情景吧。出于某些原因，一名生活在唐朝的年轻男子遭遇了残忍的加害，他的头部、胸部以及左小臂都遭到武器攻击，身负重伤，然后被抛弃在汉代古墓M12的盗洞遗迹中。他下意识地用右手保护住自己严重受创的右脸，但终因伤势过重，很快就气绝于坑底。这名受害者就这样在一个当时已有700余年历史的墓地里消失得无影无踪，直到近1300年后，他的遗体才被后人发现，并发掘出来。在这个案件中，"藏叶于林"策略是成功的——犯罪者没有接受应得的惩罚，但是考古发现和研究却为受害者带来了迟到的正义，向世人揭示了攻击者/犯罪者所使用的隐藏证据和逃避惩罚所使用的巧诈诡计。

（作者：邹梓宁）

第二部分

"美"的代价

沧海遗珠
大西洋加那利群岛的人骨遗存

加那利群岛位于非洲大陆西北部的大西洋中，与撒哈拉沙漠隔海相望，是西班牙最南边的自治区。加那利群岛以蜿蜒曲折的海岸线、壮丽的火山风光和阳光充足的金色海滩，被誉为"欧洲的后花园"。加那利群岛主要由7座火山岛组成，形成于数百万年前的火山喷发。7座岛屿因地理位置的差异，气候或干燥或湿润；岛屿南北部和东西部差异悬殊，风景各异。大加那利岛拥有迷人的马斯帕洛马斯（Maspalomas）海景沙漠和鲜花遍布的莫甘（Mogan）小镇。特内里费岛是群岛中最大的岛屿，拥有全球第三大火山泰德峰，这也是全球最佳的观星点之一，其火山、云海、日落苍凉静谧，被称为最像火星的地方。兰萨罗特岛全年干燥，曾连续六年的火山喷发使整个岛屿被火山灰覆盖，如今遍布火山奇景。耶罗岛位于最西南边，黑色海岸和密集的火山峭壁常被称作"世界的尽头"……作家三毛曾与荷西在此定居，在她的笔下："不知何时开始，它，已经成了大西洋里七颗闪亮的钻石，航海的人，北欧的避冬游客，将这群岛点缀得更加诱人了……"

考古与自然博物馆的人骨收藏

坐落在特内里费岛首府圣克鲁斯的考古与自然博物馆，收藏和展出了大量加那利群岛的考古遗存。除了工艺粗糙的陶器、渔猎的工具、皮毛制品之外，这座规模并不算大的博物馆中，还收藏了大量前西班牙时代的人骨遗存。在15世纪西班牙征服者到达这里之前，这些几乎与世隔绝的岛屿上生活着关切人（Guanche）。殖民时代之前关切人的历史，只能从一些探险家的日记中略知一二，几乎成了传说，这些人骨遗存，就是解开关切人历史的最佳密码。由于

关切木乃伊

圣克鲁斯的考古与自然博物馆的人骨展览

加那利群岛主要为热带沙漠性气候，干燥的环境非常利于人类遗骸的保存，也为木乃伊的保存提供了绝佳的条件。考古与自然博物馆就收藏了200余例人骨以及近百例关切木乃伊。

1992年2月，特内里费岛举行了第一次大型国际木乃伊特展，并召开了第一届世界木乃伊研究大会。目前发现的所有关切木乃伊都来自15世纪以前，最早可追溯到3世纪。同古埃及一样，只有贵族才会被制作成木乃伊。下层阶级的关切人习惯把墓地选在海边沙地，而上层阶级的关切人会将逝去的人安放在深山峡谷偏僻的洞穴中。1933年，在特内里费岛南部的一处关切人墓地中发现了至少60具木乃伊。目前考古与自然博物馆中展出的圣安德烈斯木乃伊发现于特内里费岛阿那加一处洞穴中，是一名年龄在35—40岁的男性，周身裹着山羊皮，身上捆绑着6根带子，考古学家推测他可能是一位部落首领或者领袖。

考古与自然博物馆的人骨展览非常震撼。展厅入口赫然矗立着铺满整墙的颅骨展柜，气氛庄严肃穆。每一件展品都附上了解剖学示意图和专业的解说词，详细解释了骨骼上疾病的形成原因和反映的关切人生活状态，还为穿孔颅骨、创伤颅骨等特殊标本制作了复原简图。

关切人的体质人类学研究

体质人类学研究为复原关切人的健康、生活、社会文化提供了重要证据。史前时期，加那利群岛不同岛屿上的文化存在显著差异，如特内里费岛的原住民非常擅长制作木乃伊，大加那利岛的人骨遗存总是半木乃伊化的状态，耶罗岛的人骨遗存几乎只剩骨骼，反映出不同岛屿的人群相互较为独立。关切人中常见的先天性非致命性畸形（如隐形脊柱裂）也暗示了相对封闭的环境下种群内的近亲繁殖率很高，在阿那加和德诺，几乎一半的人口都患有先天性畸形病。

考古学家测试了不同岛屿人群的骨盆骨松质密度和骨骼中的微量元素，统计了牙齿的病理现象，发现大加那利岛的人群以素食为主，营养状况差，口腔健康差，很可能与其史前社会结构制度森严、人口过剩、农业经济发达有关。

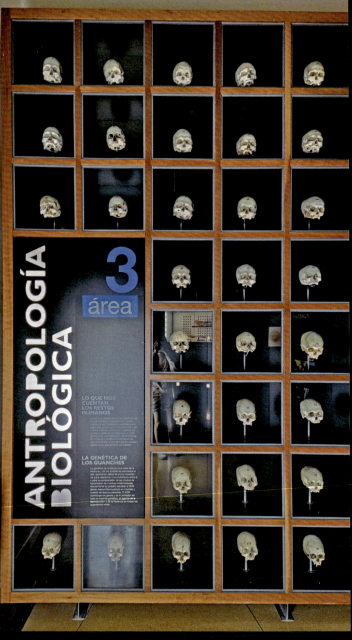

圣克鲁斯的考古与自然博物馆的颅骨展墙

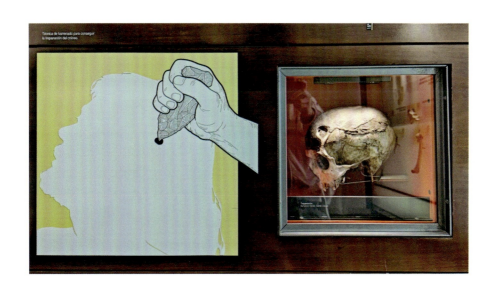

关切人的开颅术证据,其愈合良好的创口表明开颅术的成功。可以观察到创口处非常光滑,有明显的愈合痕迹

沧海遗珠

俄勒冈大学人类学系的卢卡奇（Lukacs）统计了馆藏标本在生前的牙齿脱落现象，发现特内里费岛人群的牙齿脱落率呈现出男性比女性高、上颌比下颌高的特征，且部分个体的牙齿脱落后牙根还保留在齿槽内，无炎症和感染痕迹。结合该人群还存在非常高的创伤率，说明他们可能从事摔跤、格斗等对抗类活动，不同群体之间的关系较为紧张，暴力冲突频发。

关切人中贵族的葬礼非常繁复，他们会将死去的亲人遗骸反复清洗，然后涂抹黄油、植物以及矿物并进行干燥处理，最后裹上多层动物皮革，安放于葬礼洞穴中。这些精心处理后的遗骸在干燥的气候环境中逐渐木乃伊化。20世纪末，大英博物馆人类学实验室首次对收藏在剑桥大学考古与民族学博物馆的一具关切木乃伊展开全面研究。这具45岁左右的男性木乃伊的处理方式与古埃及第二十一王朝有些相似。二十一王朝的古埃及人取出内脏不再放在罐子或箱子中，而是清洗后包裹成四个包（肝、肺、胃、肠），放回到体腔内，心脏通常留在原位；为了使身体逼真，还会对萎缩的四肢进行皮下填充；为了避免手指和脚趾脱落，他们会用绳子穿起来固定好位置。这些特征在关切木乃伊上都有体现。有趣的是，研究者通过组织学研究，发现他患有煤肺病，可能是由于他的生活环境（比如在家里燃烧明火），容易吸入大量的烟尘。

2018年，西班牙国家考古博物馆和马德里奎龙萨鲁德大学医院联合对赫尔克斯木乃伊展开了研究。赫尔克斯木乃伊是目前保存最完整的关切木乃伊，17世纪在特内里费岛南部的赫尔克斯峡谷被发现。据当地人讲述，当时整个洞穴里起码有上千具木乃伊，这些木乃伊被整齐摆放在整洁的床上，男性手臂位于大腿两侧，女性双手合十放在肚子上。毫无疑问，这名皮肤发黄、棕红色卷发、嘴部宽大、下颌强壮、年龄在35—40岁的男性是当时的一位贵族。他身高1.62米，脚指头残留着皮革条（固定位置），身上还残留着山羊毛发，可能曾被包裹在带毛的羊皮中。CT扫描发现，他的内脏并没有被移除，颅骨内还保留着萎缩的大脑组织。因此研究团队认为，关切木乃伊的处理方式和古埃及有所不同，并没有像记载中那样会移除内脏和大脑，剑桥大学考古与民族学博物馆馆藏木乃伊也应如此，他的"内脏被取出处理"的结论仅仅来源于木乃伊的背部存在疑似切口。时至今日，考古学家对关切木乃伊的制作方法仍存在

赫尔克斯木乃伊脚趾上残存的皮革绳，被用于固定指头；从照片还可以看出他的指甲被修剪得非常整齐

图片引自 Espinosa, T.G., Arranz, J.C., & Portugal, S.B.. *La momia guanche del Museo Arqueológico Nacional: de las fuentes históricas a la tomografía computarizada*. 2018

不同的看法。

自15世纪加那利群岛被欧洲人征服之后，关切人的起源一直是人类学家最关心的课题。加那利群岛最早的殖民发生在公元前600年左右，特内里费拉拉古纳大学和坎德拉里亚医学院的学者对距今约1000年的加那利土著人骨遗骸展开了线粒体DNA研究，发现在欧洲人到达之前，加那利土著的遗传信息就已经呈现出明显的多样性，意味着这里曾多次发生过移民浪潮。DNA序列还表明，加那利土著的U6b1分支单倍体遗传学特征一直延续到今天。然而，在关切人多样化的基因库中，却只有两种代表北非大陆的U6类型，且加那利的U6类型在今天的北非大陆人群中还未发现。遗传学家认为U6b1基因很可能起源于非洲，后来随人群迁徙到了加那利。如今，整个北非的遗传版图已经被移民浪潮重塑，学者们只在摩洛哥人中找到零星的U6b谱系。虽然很难追溯到关切人的确切祖先，但是分子关系还是暗示了摩洛哥的柏柏尔人是与关切人亲缘关系最近的北非大陆人群，这与先前学者们基于文化和人类学特征提出的假设一致。征服者到来之后，其隐秘的历史在大移民浪潮下渐渐被时间抹去，而这些来自史前无比珍贵的遗骸，如今正开始向世人揭开那段逐渐尘封的历史。

（作者：杨诗雨）

成为玛雅人
从"头"开始

"婴儿在出生四五天后就被放到一个芦苇和柳枝编织成的小床上,面部朝下,女人们用两块板子紧紧夹住小婴儿的头部,一块放在额前,一块放在脑后,孩子们要一直忍受这种痛苦,直到他们的头部变平定型。"这一段来自16世纪修道士兰达(Landa)的叙述记录了玛雅人延续数千年的颅骨变形传统。颅骨变形的现象在古代几乎遍布各大洲,玛雅地区发现的变形颅的数量和种类更是令人惊叹。玛雅人为何如此热衷于这一习俗,不同的变形颅又传达出怎样的信息?考古学家结合多学科材料为我们提供了独特的见解。

痛苦的变形

正如兰达所述,玛雅地区的婴儿在刚出生不久便开始被迫进行颅骨变形。这是因为在婴儿时期,他们的骨骼有机质含量比较高,颅骨比较柔软,骨片之间的缝隙尚未完全愈合,其中囟门(前囟、后囟)是柔软的结缔组织,这些纤维区富有弹性,可以为大脑提供变形的空间。我们常常会发现新生儿的头部多数都是细长的,这是通过产道时受到挤压的结果。而玛雅人正是利用了这一阶段颅骨的可塑性对婴儿的头部进行塑形。

在塑形过程中,为了获得理想的头型,整形工具是必不可少的。阿根廷人类学家因贝洛尼(Imbelloni)依据变形颅的形态和变形工具,将美洲的变形颅分为板状和环状,每种类型下又分成若干亚型。在玛雅地区,板状头型是刚性工具和柔性工具相结合使用的产物,摇篮板或头部夹板配合绳子、布带通常可以使颅骨的额部、枕部或者顶部获得不同程度的扁平变形。而环状头型则通过弹性绷带的环绕束缚形成,这种技术会使头部变得狭长。在玛雅地区常见的变形

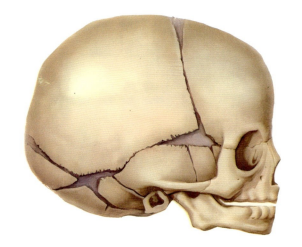

新生儿颅骨
图片引自http://yao51.com/
jiankangtuku/hegebgz.html

颅主要为板状直立和板状倾斜以及它们的变体。因而,摇篮板和头夹板是这一地区使用较多的变形工具。

关于头部变形工具,在玛雅地区几乎没有发现实物遗存,但是许多陶质雕塑为我们研究玛雅人的颅骨变形提供了参考。根据出土的雕塑形象,研究者认为摇篮板是集保护、固定和护理于一体的板架装置,摇篮周围的板子可能是由柔软的植物纤维填充,通过绳子将新生儿的整个肢体固定在床板上。婴儿的头部一般由两个压缩面进行挤压,头的后部往往直接置于平坦的摇篮板上,而相

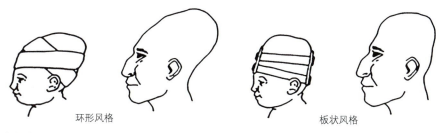

环形风格　　　　　　　　　　板状风格

颅骨变形分类
图片引自McKenzie, H.G., and Popov, A.N.. A metric assessment of evidence for artificial cranial modification at the Boisman 2 Neolithic cemetery (ca.5800–5400 14C BP), Primorye, Russian Far East. *Quaternary International*, 2016, 405, 210–221

成为玛雅人

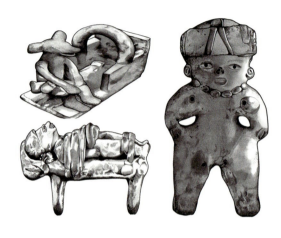

颅骨变形工具雕塑
图片引自 Vera Tiesler. *The Bioarchaeology of Artificial Cranial Modifications: New Approaches to Head Shaping and its Meanings in Pre-Columbian Mesoamerica and Beyond.* Springer. 2014

对应的平面则会用另一个固定在摇篮上的装置（刚性或者柔性）进行压缩。相较于摇篮板的固定性，头部夹板具有很强的灵活性。这一装置通常由前后两个夹板或者单个夹板构成，并通过绳索一类的柔性工具将夹板紧紧固定在头部。这种变形技术十分灵活，可以塑造多种头部形状。

这种头部的"禁锢"要一直伴随这些婴儿，少则几个月，多则两三年，直

骨膜增生

颅骨不对称

颅骨变形后遗症
图片引自 Vera Tiesler. *The Bioarchaeology of Artificial Cranial Modifications: New Approaches to Head Shaping and its Meanings in Pre-Columbian Mesoamerica and Beyond.* Springer. 2014

玛雅文明分布图
图片引自 https://robbyrobinsjourney.wordpress.com/2020/04/27/contemplating-how-great-civilizations-rise-and-fall-through-maps/

到头部彻底定型，这些孩子们才能挣脱束缚。在如此漫长的过程中，这些婴儿不仅要忍受着压缩的痛苦，还会面临一些潜在的风险，比如继发性颅骨不对称、局部健康问题等。由于板状压缩工具难以在颅骨上均匀地传递压力，一旦发生错位，就容易导致颅骨不对称。用摇篮板压缩头部后，颅骨不对称的可能性会达到70%。这主要是因为摇篮不仅是婴儿进行颅骨塑形的工具，同时也是新生儿主要的活动区域，喂养、清洁等一系列活动都要在此进行。复杂的活动增加了压缩板错位的概率，最终导致颅骨不对称。此外，出血、感染或者组织坏死等健康问题都有可能在头部压缩的过程中出现。当然，这些颅骨变形的问题不仅来自直接的头部压力，还可能与当时的卫生条件、操作者的经验等有关。

成为玛雅人　　55

丰富多样的头型

玛雅地区主要位于今天墨西哥的东南部，此外还包括危地马拉、洪都拉斯、萨尔瓦多以及伯利兹的部分区域。目前发现的变形颅基本遍布整个玛雅地区，时间上从前古典时期（约公元前1500—公元300年）到殖民时期。玛雅人分布的多数地区都保持着头型多样化的特征，一些区域也表现出了对于某种头型的偏好。

1. 奥尔梅克类型

奥尔梅克文明繁盛于公元前1400至公元前400年，是中美洲地区的"母亲文明"，为后来的许多文化发展奠定了基础。尽管奥尔梅克地区未发现保存良好的人骨，但是奥尔梅克的巨石人像为我们探索玛雅人的颅骨变形提供了参考。奥尔梅克类型属于板状直立头型的变体，这种头型明显呈梨形、窄而高。

奥尔梅克雕像
图片引自 https://www.artsy.net/article/artsy-editorial-epic-sculptural-heads-teach-mexico-cultural-biases

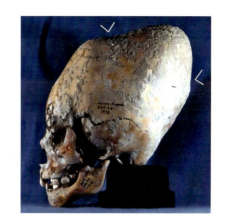

斜长的头型
图片引自Vera Tiesler. *The Bioarchaeology of Artificial Cranial Modifications: New Approaches to Head Shaping and its Meanings in Pre-Columbian Mesoamerica and Beyond*. Springer. 2014

研究者推测这种头型是摇篮板与水平束带结合使用的产物。在前古典时期，一些玛雅城邦均出现了这种头型，其中包括尤卡坦半岛的北部、玛雅南部低地和恰帕内克（Chiapa de Corzo，位于今天的墨西哥恰帕斯州）的边缘区域。研究者发现这些地区往往承担着政治经济交流中心的角色，因而推测这种梨形头型可能正是玛雅文明与奥尔梅克文明互动的产物。然而这种头型也随着奥尔梅克文明的衰弱以及玛雅文明的崛起渐渐消失，进入古典时期，玛雅地区几乎已经不见这种头型了。

2.倾斜窄长的头型

古典时期（约公元400—900年）是玛雅文明的全盛时期，头部形态最为丰富。板状直立的头型在这一阶段普遍存在，而作为玛雅文明的中心地带，玛雅低地的中部、南部却流行着倾斜窄长的头型。这种颅型是板状倾斜的变体，通常是由头部夹板结合绳索捆绑压缩而成。尤其是在乌苏马辛塔盆地（墨西哥东南部）附近，这种倾斜的颅型在数量上占有绝对优势。危地马拉的两处遗址记录了7个颅骨，均呈向后倾斜的形态。在塞巴尔（Seibal）地点，板状倾斜的头型达到70%；帕伦克作为古典时期玛雅文明最重要的城邦之一，对于这种倾斜的头型也格外偏好，调查发现在73个变形颅中有64例颅骨呈现出这种形态。帕伦克皇室成员的肖像似乎也暗示了人们对这种头型的偏爱。画像中的贵

帕伦克皇室成员壁画

图片引自 https://www.flickr.com/photos/pierre_m/4205460511

族面部轮廓十分突出，通常没有明显的枕骨，前额倾斜，发际线后退，整个颅骨呈细长的管状。尽管这种人物形象略显夸张，却与帕伦克地区发现的斜长颅骨相呼应，因此有研究者推测这种斜长的头型可能也符合玛雅贵族的审美需求。

3.顶部扁平的头型

考古学家在玛雅沿海地区的调查过程中发现了许多顶部扁平的颅骨，这种头型属于板状直立的变体，一般是由摇篮板压缩而成。此外，与这些颅骨一起出土的还有大量的随葬品，他们认为这些墓主人相较于其他玛雅人更为富有且有声望。丰富的随葬品、相似的头型似乎暗示了这些人可能拥有同样的身份。实际上，这种顶部扁平的头型并不罕见，在奇琴伊察（Chichén Itzá）、坎佩切（Campeche）等一些港口或者贸易中心都发现了这种头型。这种"平头"似乎

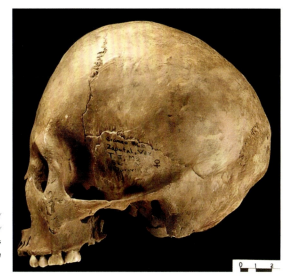

顶部扁平的头型
图片引自Vera Tiesler. *The Bioarchaeology of Artificial Cranial Modifications: New Approaches to Head Shaping and its Meanings in Pre-Columbian Mesoamerica and Beyond*.Springer. 2014

是沿着洪都拉斯向尤卡坦半岛的海岸线分布，与当时玛雅地区的海上贸易线路基本重合。进入古典时期末期，随着玛雅中部低地的渐趋衰弱，玛雅的外围区域逐渐繁荣起来。尤卡坦北部地区向墨西哥高地和玛雅南部出口咸鱼、棉花和精盐等货物，伯利兹作为海上运输的重要中转站也储存了大量的黑曜岩，而位于玛雅南部的洪都拉斯和萨尔瓦多也开始种植可可豆并向北部运输。就这样，一条从洪都拉斯出发绕过尤卡坦半岛到达维拉科鲁兹北部海湾地区的海洋贸易线路逐渐形成。这些沿着海岸线分布的拥有扁平颅骨的人很有可能是当时的商人，特殊的头型正是他们身份的体现。

守护与信仰

与世界上其他地区相比，玛雅地区的变形颅似乎在形态和数量上都更为丰富，一些遗址发现的变形颅甚至可以占到遗址发现总颅骨数的90%以上。这样看来，在玛雅地区几乎每个人都经历过颅骨变形。为何玛雅人如此痴迷于颅骨变形？考古学家认为这可能和玛雅人的灵魂观念有关。

成为玛雅人

在中美洲人的世界观中，人们认为世间万物都需要被激活或被赋予灵魂，包括人、山川、房屋、陶器等。当一个人出生的时候，他的灵魂便随之而来。对于玛雅人来说，头部是他们一部分灵魂的所在地。他们认为灵魂与能量、命运息息相关，只有将灵魂牢牢禁锢在体内才能获得健康。而新生儿的颅骨骨缝没有闭合，灵魂和能量很容易从这些脆弱的地方流失，因而新生儿特别容易

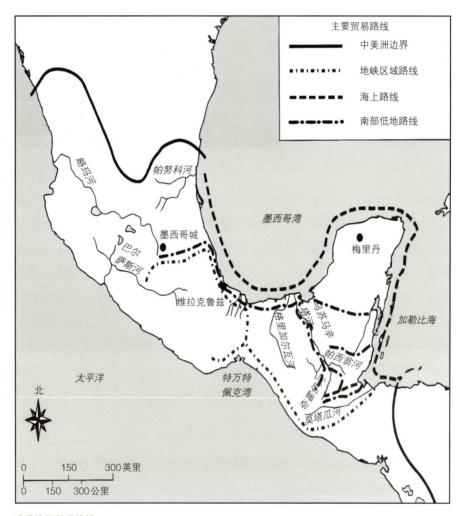

玛雅地区贸易路线
图片引自林恩·V. 福斯特著，王春侠译《古代玛雅社会生活》，商务印书馆，2016年

受到邪恶之风的伤害，导致丧失灵魂。为了保护他们，玛雅人会采取多种手段。比如助产士通常会在婴儿的嘴上抹盐，然后给孩子吃一些红辣椒，认为这样可以给仍然"寒冷"的身体提供急需的"热量"。人们还会将新生儿放到火把附近以增加能量。还有一些玛雅人会在新生儿出生后不久在其头顶放一点儿蜂蜡，认为这样恶魔就不会打扰这些孩子的灵魂。在危地马拉高地，婴儿甚至在出生一年之内不能剪头发，因为头发也会保护这些孩子的头部。

颅骨塑形是保护新生儿灵魂的重要手段，几乎是每个玛雅人成长的必经之路。只有当颅骨成形后，孩子们才会被带到牧师那里，被赋予名字，确立身份与性别，这时候他们才算真正融入社会。因而头部塑形被认为是玛雅人的成人仪式，这是婴儿获得社会属性的前提，也是他们成为玛雅人的第一步。

对玛雅地区的语言研究也说明了颅骨塑形的合理性。学者认为玛雅语中身体的各个部位和房屋的各部分是相对应的，比如"头"和"屋顶"之间就建立了关联。民族学材料记载玛雅人会在搭建屋顶后进行一个名为"hol chuk"（字面意思是"绑住屋顶的头"）的仪式。屋脊顶端的脊杆就位后，为防止邪恶的风吹进房屋，屋主人会在房屋脊梁上拴上四只鸡。鸡被宰杀制成肉汤后，建房人则把肉汤和酒端到房屋四角和屋顶，他们认为这种祭祀行为可以使房屋充满能量。由此不难发现这种屋顶的搭建仪式与颅骨变形存在诸多相似之处。无论是对头部的塑形，还是房屋的祭祀，似乎都是禁锢灵魂与生气的重要仪式。

玛雅人的灵魂观使得颅骨变形这一习俗在玛雅地区普遍存在，而多样的头型则可能代表了玛雅人的精神信仰。在玛雅地区的艺术作品中，神灵往往都有异形的头部，而许多玛雅人的颅型与一些神明十分相似，因而有研究人员推测玛雅人的头型可能来自对所信仰神灵的模仿。其中比较有代表性的就是对玉米神和商人神的模仿。

在玛雅低地，窄长倾斜的头型十分流行，贵族阶层更是对这种头型情有独钟。这种颅型与画像中头部呈管状倾斜的玉米神形象十分相似。玉米在中美洲地区既是不可或缺的食物也是神物。玛雅神话中记载，玉米和鲜血混合造就了人类。因此，对玉米神的模仿可能不仅由于对它的崇拜，也寄托了人们渴望丰收的美好愿景。而在沿海地区，商人们更喜欢塑造顶部扁平的头型，这种形状

玛雅玉米神雕像
图片引自 https://www.worldhistory.org/image/3833/yum-caax/

玛雅商人神画像
图片引自 https://m.facebook.com/Belizeyucatecmaya/posts/3626324194090627?locale2=ms_MY

来自对L神和M神的模仿。L神和M神是玛雅人的商人神，在玛雅神话的记录中，这两位神的身体呈黑色，L神常携带装有货物的包裹，而M神崇尚武力，常以手持长矛的形象出现。商人在贸易过程中时常会遭遇意外袭击，因而他们选择L神和M神作为守护神，以避免遇害。

人工颅骨变形这一延续数千年的传统，在世界上的不同地区都有自己独特的象征意义。玛雅地区的变形颅使我们得以窥探玛雅人生活日常和精神信仰的冰山一角。当然，未来还需要更多的考古发现去进一步揭开这一古老文明的神秘面纱。

（作者：由森）

人工颅骨变形在新疆的昙花一现

新疆地区自古以来就是连接欧亚大陆经济、文化交流的要冲。东西方民族之间因贸易、战争、婚姻等动机造就了这一地区人群融合的动态图景，也形成了文化互动交流的繁荣局面。自20世纪起，新疆地区出土的人工变形颅骨遗存数量增多，主要集中分布于伊犁河谷及焉耆盆地，时代为早期铁器时代至东汉时期。这一文化习俗在这片多民族文化共存的土地上"昙花一现"。颅骨变形习俗为何突然出现在早期铁器时代的新疆地区？又为何在东汉以后消失？新疆地区的颅骨变形习俗又有着怎样的文化内涵？考古学家综合欧亚地区的考古资料，结合考古学文化及人群的互动交流，提供了一些有价值的线索。

解开变形颅神秘的面纱

人工颅骨变形（Artificial Cranial Deformation，ACD）是人体改造（Body Deformation）的一种，是人类古代文明重要的文化现象之一。美洲、大洋洲、欧洲、中非等地及中国多个地区都有这种风俗。人类使用特定的工具或方法，对尚处于生长发育阶段的颅骨施加外部机械压力以实现其形态的长期、永久性改变。骨的硬度与弹性主要是由化学成分所决定的，包括有机物（主要是骨胶原）和无机物（主要是各种钙盐）两大类。有机物使骨有较大的韧性和弹性，无机物能够保证骨的硬度。在人的一生中，骨的内部结构和化学成分会随着年龄的变化而不断更新。未成年个体骨骼中的有机物多，无机物少，所以弹性大，硬度小，容易发生变形。因此人工颅骨变形通常在新生儿出生后接下来的几年里开始实践，直至达到理想的形状或者遭到孩子拒绝为止。

目前发现的最早的有意识的人工颅骨变形案例，可以追溯到距今45000年伊拉克沙尼达尔洞（Shanidar Cave）发现的尼安德特人。皮特·葛斯坦（Peter Gerszten）和恩里克·葛斯坦（Enrique Gerszten）基于这种行为的全球分布提出，有意识的人工颅骨变形现象在世界各个地区应是独立起源的。人工颅骨变形的习俗在世界各地被广泛实践，可能存在时空上的差异。作为一种特殊的文化实践，它在一定程度上反映出人群的扩散与渗透。

形状各异的变形颅

众所周知，人工颅骨变形可以分为两类，即无意识的影响和有意识的塑形。一些头部形状的改变受文化习俗或行为模式的影响，最典型的便是摇篮的使用。古代居民，特别是非定居人群习惯将婴儿放在质地坚硬的摇篮里，以适应四处迁徙的生活习惯。如果婴儿长时间不活动，摇篮可能会导致其枕骨或人字缝处扁平。一些有意识地塑形则会利用硬质（木板、护垫或石枕）或软质工

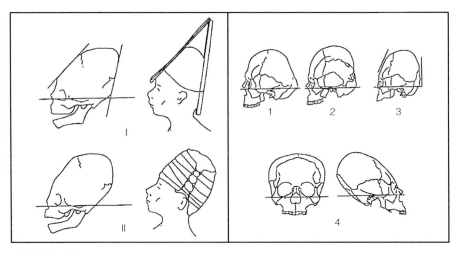

颅骨变形的分类
Ⅰ硬质用具造成的变形；Ⅱ软质用具造成的变形
1人字缝变形；2枕骨变形；3额–枕骨变形；4环形变形
图片引自张林虎《新疆伊犁吉林台库区墓葬人骨研究》，吉林大学，2010年：图6.6

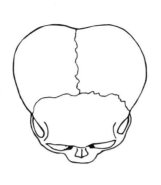
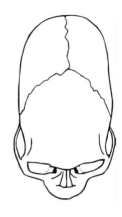

沿冠状位延伸的环形变形（左）和沿矢状位延伸的环形变形（右）
图片引自 Antón, S.C.. Intentional cranial vault deformation and induced changes of the cranial base and face. *American Journal of Physical Anthropology*, 1989（2）: Fig 2

具（环形绷带、布条等）对个体的额部和枕部施加外力，来达到颅骨变形的目的。古代的玛雅人和印加人都普遍存在颅骨的变形改造，他们用木板将新生儿的头夹起来，或者用布带缠绕起来，使头形变长。

针对世界各个地区发现的人工变形颅骨，可以根据使用工具的不同划分为硬质用具变形和软质用具变形。通过对欧亚草原地区目前已发表材料的整理以及对头骨变形的描述，颅骨变形部位主要在颅骨的额骨、顶骨及枕骨部分；按形态差异可以划分为四个类型：枕骨变形、额－枕骨变形、枕－顶骨变形和环形变形，其中枕－顶骨变形又称人字缝变形。环形变形还可细分为沿矢状位和冠状位两种方向延伸的小类别：沿冠状位延伸的环形变形常见于美洲地区，沿矢状位延伸的环形变形和额－枕骨变形在欧亚地区最为常见。

新疆的变形颅

新疆地处祖国西北部，位于欧亚大陆的中心地带，自古以来就有许多不同民族在这片辽阔的土地上繁衍生息。古代西域诸民族东连悠久的中原文化，西至欧亚草原，自身独特文化与周邻文化的交织碰撞，不同的经济模式、丰富多彩的历史文化闪耀在新疆各处，形成独具特色的考古学文化。人工颅骨变形在新疆的发现主要集中在伊犁河流域和天山中段南麓的焉耆盆地，库车、阿克苏、喀什以及且末等地区也有零散的变形颅发现。

新疆青铜–铁器时代已发现变形颅分布图

  伊犁的吉林台库区的五处墓葬中发现有23例人工变形的颅骨，包括奇仁托海墓地、加勒格斯卡茵特墓地、阿克布早沟墓地、彩桥门墓地以及别特巴斯陶墓地。其中环形变形颅骨22例，疑似额–枕骨变形的颅骨样本1例，推测全部变形均是使用软质用具形成的。

  同处于伊犁河流域的恰甫其海水库墓地、山口水库墓地和渔塘古墓中也都有人工变形颅的发现。恰甫其海水库墓地仅发现2例个体生前实施过人工颅骨变形，其中1例环形变形颅骨与吉林台库区墓地发现的环形变形颅骨形状一致，变形方式相同；另外1例属于枕骨变形，推测为非有意识的人工变形。山口水库墓地中，研究者在发掘的70座墓葬中发现3座单人墓埋葬的个体存在生前颅骨变形的习俗。2例属于环形变形，颅骨整体沿矢状位向后上方延伸。其中1例颅骨的顶骨前缘存在一条带状凹陷，应为将颅骨缠裹变形时使用的软质工具留下的痕迹；另外1例则为枕骨变形。新源县渔塘古墓也发现3例环形变

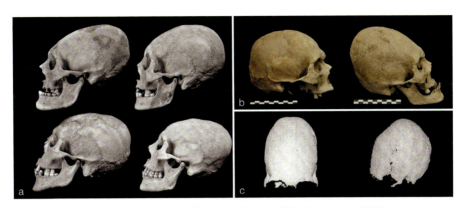

吉林台库区墓地（a）、恰甫其海水库墓地（b）和山口水库墓地（c）出土变形颅骨

图片引自张林虎《新疆伊犁吉林台库区墓葬人骨研究》，吉林大学，2010年：图6.7；聂颖《伊犁恰甫其海水库墓地出土颅骨人类学研究》，吉林大学，2014年：图5.10、5.11；聂颖、阮秋荣、朱泓《伊犁巩留县山口水库墓地出土人骨研究》，《新疆文物》，2018（3-4）：图7

形的颅骨材料，其中1例变形颅的额结节和前囟点之间存在一条宽约1.5厘米的带状压痕。

20世纪80年代末，在天山南麓的焉耆盆地附近，和静县察吾乎三号墓地和尉犁县营盘墓地中均有人工变形颅骨的发现。察吾乎三号墓地出土的人骨遗骸中发现有至少7例颅骨存在人工变形的个体，其中3例为属于使用绷带缠绕于额、枕骨处而成的沿矢状位延伸的环形变形，由于缠绕过程中施加力度的不同导致变形程度存在差异；其余4例为枕骨变形。墓地年代约为两汉时期，有学者认为该墓地与匈奴人群有关。

营盘墓地位于巴音郭楞蒙古自治州库尔勒市尉犁县内。考古学研究证明这是一处聚落遗址，其主体使用年代在东汉—魏晋时期，上限可至西汉，下限不晚于北朝初期。发现的12例变形颅同样属于由绷带缠绕挤压形成的环状变形类型，颅骨在前后和左右方向均受到挤压力，变形后的颅骨向后上方延伸，形态与伊犁地区和察吾乎三号墓地发现的变形颅一致。

在塔里木盆地车尔臣河流域的加瓦艾日克墓地中，体质人类学家从墓地早期和晚期墓葬出土的150例人骨个体中，发现1名30—35岁的男性个体，生前经历了人工颅骨变形，属于环形变形。根据墓葬分析以及碳-14年代测定结果推断，墓葬年代应相当于中原地区的春秋晚期至战国初期。

根据吕恩国先生此前对新疆地区发现的变形颅的统计，在温宿县博孜墩墓地（旧称包孜东墓地）发现3例女性个体存在颅骨变形的迹象，但并未进一步介绍和研究，变形类型尚不清楚。发现变形颅的墓葬年代约为公元元年前后。位于昭苏县的夏台墓地发现1例疑似存在颅骨变形的青年女性个体，其枕部扁平，额骨陡直，颅骨极短，但并无受外力挤压的痕迹，故而推测为该个体在婴儿时长期仰卧于摇篮中造成的无意识枕部变形。

起源与去向

新疆地区作为东西方文化交流的要冲，其颅骨变形习俗应与周边地区人群的流动迁徙密切相关。目前我国遗址出土的人工变形颅骨主要发现于山东和新疆，而山东地区出土的变形颅骨均为枕骨变形，其形态、变形方式以及所属时代与新疆地区的存在很大差异。因此新疆地区青铜-铁器时代人工颅骨变形习俗的来源与流向，或许可以在欧亚草原西部地区找到答案。

东汉班固的《汉书·西域传下》中有对伊犁河流域古代民族的记载，称乌孙"东与匈奴、西北与康居、西与大宛、南与城郭诸国相接。本塞地也……"由此可见伊犁地区最早有史书记录的古代居民为塞人。塞人，即中国文献中的"塞种"，波斯人所说的Sacae，有时又称作Sagas或Saka。新疆伊犁地区发现的铁器时代墓葬，时代为公元前6—前1世纪，处于塞人文化的时代；墓葬形制、

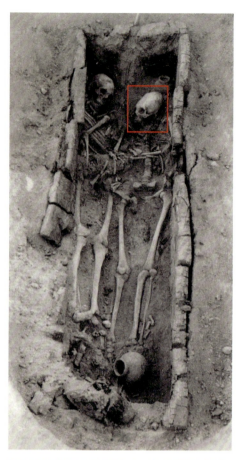

新疆和静县察吾乎三号墓地M15中的环形变形颅
图片引自从德新、刘辉、陈戈《新疆和静县察吾乎沟口三号墓地发掘简报》，《考古》，1990（10）：图版四

墓主葬式以及随葬品特征表明伊犁地区发现的早期铁器时代墓葬极有可能与塞人有关。值得注意的是，新源县渔塘遗址采集的青铜弯钩尖帽跪姿武士俑，反映的人群特征与希罗多德的描述一致："属于斯奇提亚人的撒卡依人戴着一种高帽子，帽子又直又硬，顶头的地方是尖的。"

"自疏勒以西北，休循、捐毒之属，皆故塞种也。"汉代以前，塞人在新疆的中心活动区域位于伊犁河流域以及伊塞克湖地区。公元前2世纪，"大月氏西破走塞王，塞王南越县度。大月氏居其地"。原本强大的月氏受到匈奴的侵袭，从敦煌、祁连西迁至伊犁地区，占据了塞人的活动范围。原先居住于伊犁河谷的大批塞人被迫向西南迁徙，他们跨过锡尔河，到达阿姆河流域并在《后汉书》记载的监氏城建都；部分迁至帕米尔北部，还有一部分留在伊犁河谷。《汉书·西域传下》记

新源县渔塘遗址采集青铜弯钩尖帽跪姿武士俑

图片引自祁小山、王博《丝绸之路·新疆古代文化》，新疆人民出版社，2008年：254页

载："后乌孙昆莫击破大月氏，大月氏徙西臣大夏，而乌孙昆莫居之，故乌孙民有塞种、大月氏种云。"受到乌孙人的攻击，居住于伊犁河流域的月氏继续向西、向南迁徙进入中亚及南疆地区；乌孙取而代之，占据了伊犁河谷地区，此时的伊犁地区仍残留有部分塞人。伊犁地区早期铁器时代人群的体质特征与中亚铁器时代的居民特别是塞人和乌孙人最为接近。

中亚地区的早期铁器时代，首先在生活于中亚西北部、咸海附近的人群中出现了额－枕骨变形和顶骨变形；而使用环形绷带造成的环形变形出现于公元前5世纪，在咸海东南、塔什干绿洲、费尔干纳北部、楚河和天山地区畜牧部落的墓葬中均有发现。国内学者也对中亚地区的肯科尔匈奴墓及天山－阿莱地

区匈奴时期墓葬中发现的变形颅骨进行了研究，均为环形变形。

由此可见，新疆地区发现的环形颅骨变形习俗，与中亚地区关系最为密切。变形习俗的扩张不仅仅是文化渗透的结果，而且是大规模人群迁移的结果。人工颅骨变形的类型以及方法在某一人群或文化中应具有一定的稳定性。新疆伊犁地区环形颅骨变形习俗的出现应与中亚地区存在环形变形习俗的尖帽塞人有关，其通过中亚七河地区进入伊犁河谷。乌孙人占领伊犁河谷，并与当地残留的塞人接触，变形习俗得以留存在乌孙人中。

随着匈奴政治军事联盟的出现以及匈奴活动重心的西移，西汉时期，匈奴人进入新疆地区，势力范围可到塔里木盆地北缘的焉耆地区。汉武帝时期对西域匈奴数次出兵，汉帝国的势力逐渐深入。此时强大的匈奴占据北疆及蒙古西部和南西伯利亚地区，伊犁河流域和七河地区由乌孙占据，与留下来的塞人、大月氏人一道游牧。张骞出使西域选择走南疆地区，即天山以南、塔里木盆地北部，以劝服西域多国归降汉朝，共同夹击匈奴。汉昭帝元凤四年（公元前77年），龟兹服从于汉；西汉神爵二年（公元前60年），汉王朝在焉耆地区设立西域都护府。东汉初年，匈奴内部发生了南北分裂，北匈奴占据伊犁河谷地带并与隶属于匈奴、参与匈奴联盟并存在颅骨变形的当地居民混居，逐渐被其同化，北匈奴人由此出现了环形变形的习俗，而发源于贝加尔湖周围的匈奴人遗存中则未发现变形习俗。新莽至东汉初期，焉耆地区重新为匈奴控制，此势力为北匈奴。北匈奴人在自南向北的迁徙、扩张中途经天山中部的开都河河谷等地，将环形颅骨变形的习俗由伊犁河流域带到焉耆盆地。汉和帝永元三年（公元91年），焉耆地区归汉帝国统治。北匈奴人持续由伊犁河流域向西入侵，环形变形的习俗再次进入中亚并向东欧草原地区传播。

这一文化传播和人群迁移路线在考古遗址出土的器物类型和纹饰上也可以得到证实。由此可见，公元前5—前3世纪，中亚七河地区与新疆之间的文化交往以七河地区影响新疆为主，而汉代以后则为新疆影响七河地区，伊犁河流域则位于这种影响的前沿。

随着游牧人群的流动，中亚地区农业定居人群中也出现颅骨变形习俗。游牧人群向这些地区定居、农耕人群传播颅骨变形习俗的主要动力源自"新月沃土",以畜牧业为生的游牧人群因收入不稳定,需要有足够的辅助生业来支持,因此不断进入定居的农业人群聚落中获得物质支撑。咸海东部和花剌子模地区为游牧文化与农耕文化居民的接触地带,在头部变形习俗的扩散方面发挥了特殊的作用。至于向北、向西、向更远的欧亚大陆地区扩散传播,则是由定居人口和游牧民族之间保持的交流(贸易、通婚等)决定的。游牧民族通常在夏天穿过中亚和乌拉尔之间的牧场迁移到乌拉尔山东麓、西伯利亚西部的森林草原地带。公元前5世纪后,中亚地区的游牧民族塞人、萨尔玛提亚人开始向西北移动,进入乌拉尔丘陵地区,他们的到来可能将环形变形颅的传统带至森林草原地区。公元前后北匈奴人进入中亚,随后在向欧亚草原和东欧的扩张中也开始扮演传播颅骨变形的角色。

特殊审美,宗教信仰,还是群体标识?

探究各地区颅骨变形实践的原因及含义,我们发现,随着历史上文化的变化以及人群的交流,这一习俗在不同地区有着不同的丰富内涵。不同于安第斯南美洲将其作为一种划定群体内部和群体之间社会界限的标识,或是如玛雅人将其作为一种信仰和审美体现,欧亚草原地区的变形颅更多地可以被理解为特定生活方式的衍生品——移动的游牧生活需要将儿童妥当安置在摇篮工具中。然而,这种摇篮式的变形最初可能出于社会和经济需要的非特意性行为,但随着时间的推移,人们把这种变形颅作为一个群体的标识,成为游牧民族独有的一种特殊文化模式下的身份象征,在延续的过程中,随着各部落的文化因素出现一些差异,但总体的变形模式不会改变。新疆地区的变形颅还指出了另一层因素,即巨大社会变革下的影响:环形变形被认为是塞人、匈奴人的族群标识,或至少是对该群体隶属或忠诚的标志。随着时间推移和人群的迁移,它的族群含义似乎变成了草原人群的共同文化标志;这种文化特征跟随着人们的脚步在欧亚大陆呈现星火广布般的样貌。

值得注意的是,新疆地区发现的颅骨变形个体在其被发现墓地中占比并不高,这可能是由本地势力与外部势力的强弱以及本地人群对异质文化因素的选择和接纳度决定的。族群内世代传统的思想信仰随文化的发展逐渐转变为行为模式的模仿与传承。在传承内部文化的同时,由其思想信仰及意识形态决定的对异质文化的态度以及相互碰撞的两支文化的强弱决定了自身文化受外来文化影响的程度。由于变形具有永久性,颅骨变形的习俗也成为统治阶级分离与控制人口的工具和手段,是统治地位的象征。入侵势力的统治是否具有强制性——以政治或军权、神权来对下层群众施加强制性的要求,比其他形式的文化渗透更有可能让颅骨变形这一文化行为具有普遍性。在新疆地区,多方人群势力聚集,当地居民势力可能依旧庞大,外来人群可以暂时控制这一地区并带来新的文化因素,但并不能从根本上改变该地区的文化面貌;此外,以征服者的身份来到伊犁地区的民族,其统治时间相对短暂且统治力并不稳固,在文化上施加于当地的影响比较有限。这些都可能是造成新疆颅骨变形比例不高并且持续时间较短的原因。

(作者:孙晓璠)

皮肤上的丹青
新疆地区先民的纹身艺术

古时曾归属"西域"的新疆，面积166万余平方公里，占国土面积约1/6，是中国面积最大的省区。这里地广人稀，自古以来各民族杂居，地域文化丰富多彩，各少数民族宗教信仰、生活方式有诸多不同。

自20世纪初始，无数中外探险家、学者踏上这片土地，陆续有了很多重要的考古发现。其中，墓葬中出土的干尸十分引人注目。许多干尸除了皮肉脱水，基本保留了入土时的状况，仿佛只是在棺中沉睡。也正因如此，我们才有机会目睹新疆地区出土干尸皮肤上精美的纹身，通过这一人体装饰艺术，管窥新疆先民包括民俗、宗教信仰、审美艺术观念等在内的生活面貌。

干尸成因

正常情况下，人在死亡后，尸体会迅速腐烂，皮肉逐渐分解、消失，最终留下森森白骨。干尸则不同，其皮肉组织部分或全部保存下来。不同于经过人工处理的木乃伊，新疆地区出土的干尸没有人为干预，是独特自然环境的产物。干尸基本出土于天山山脉以南，如塔里木盆地、吐鲁番盆地、哈密盆地以及罗布淖尔荒漠等。南疆地区深处大陆腹地，又有北侧的天山山脉和南侧的青藏高原与昆仑山脉分别阻挡来自北冰洋与印度洋的水汽，气候干旱，年平均降水量远低于年平均蒸发量，年温差、日温差大，大陆性气候特征明显。位于塔里木盆地中心的塔克拉玛干沙漠是中国最大的沙漠，也是世界第二大流动沙漠。

对古环境的研究表明，这一地区从距今7000年起就已经处于这样的干旱环境之下。而干旱地区土壤内的水分极易蒸发流失，土壤含盐量通常较高。根据考古工作者的研究可知，出土干尸的墓穴一般不进行严格的密封处理，且通常埋葬较浅，这就使得遗体在很大程度上受到外界极端干旱的气候环境与高度积盐土壤的影响，快速脱水的同时，遗体内致腐微生物的生长和活动也受到抑制。此外，在寒冷的季节入土也是干尸形成的一大因素。出土干尸大都身着御寒衣物，如皮毛外衣、毡帽、包裹双腿的毛毡等。在寒冷干燥的环境下，尸体内的水分被冻结并流失；而当天气转暖，水分则迅速蒸发，遗体在腐烂前就会干透，包括皮肤在内的软组织得以保存。

皮肤上的丹青

纹身，英文是"tattoo"，据说这一单词主要源于两个单词：一是"ta"，来源于波利尼西亚，有"击打、抓挠某物"之意；一是"tatau"，来源于在太平洋塔希提岛上生活的人们的土语，意为"纹样""标记某项事物"。作为人体装饰艺术之一，纹身有广义与狭义之分。广义上的纹身按照形式和方法主要分三种类型，即绘身、纹刺、瘢身。绘身，是指用各种类型的颜料（如矿土、木炭或植物汁液等）直接在皮肤上涂抹或描绘图案，现代社会的"人体彩绘"艺术与之有着不可忽视的联系。纹刺，是指用尖锐的器物（如针、刀、锐石、植物的刺、鱼刺或锋利的骨器等）刺破皮肤，并在创口敷或涂染料，形成花纹图案，待伤口愈合后形成永久性纹饰。瘢身，是指用尖锐的工具划破皮肤，以人为制造隆起的瘢痕形成永久性图案。而狭义的纹身，仅指"纹刺"这一种形式。新疆地区先民的纹身，有绘身、纹刺这两种形式。

1985年，新疆博物馆考古队在且末县扎滚鲁克墓地发掘了五座墓葬。这是距今约3000年的古墓地，其年代大致相当于中原的西周时期。二号墓中出土了一男三女共四具古尸，其中一男一女尸体保存完好，二者身上均有纹身。男尸圆脸高鼻，耳垂穿孔，孔内有5厘米长的红色毛线。女尸身着棕红色套裙，有两真两假共四根辫发。两具干尸的眼睛和嘴上都涂抹有糊状物（已干），男尸鼻孔处亦涂有糊状物。经初步鉴定，糊状物属于某种动物蛋白质类物质。两具干尸面部有黄色颜料绘制而成的曲卷纹，曲卷纹上还带有放射绘线。纹

扎滚鲁克二号墓男尸及面部纹身

图片引自深圳博物馆《丝路遗韵：新疆出土文物展图录》，文物出版社，2011年：37页

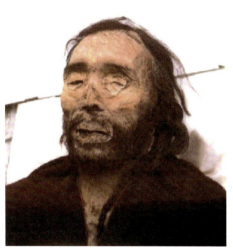

扎滚鲁克二号墓男尸面部纹身

图片引自王炳华《新疆古尸》，新疆人民出版社，1999年：75页

扎滚鲁克二号墓女尸面部纹身

图片引自王炳华《新疆古尸》，新疆人民出版社，1999年：80页

身围绕着眼睛、鼻、颧骨及颞骨，沿眼部和鼻梁至下颌，整体图案呈羊角状，左右基本对称。经中科院新疆分院化学所鉴定，干尸绘面所用的颜料为含有雄黄、雌黄、铅黄、赤铁矿等成分的粉状物，并调入某种胶质，色彩经久不褪。女尸的手指上还保留着用某种颜料装饰过的痕迹。

皮肤上的丹青　75

扎滚鲁克二号墓墓主面部纹身
图片引自王炳华《新疆古尸》，新疆人民出版社，1999年：90页

扎滚鲁克二号墓的墓主手部纹身
图片引自王炳华《新疆古尸》，新疆人民出版社，1999年：89页

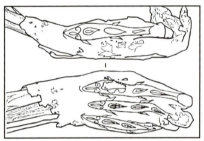

洋海墓地Ⅰ区第80号墓出土干尸的手部纹身
图片引自吐鲁番市文物局、新疆文物考古研究所、吐鲁番学研究院、吐鲁番博物馆等《新疆洋海墓地·上》，文物出版社，2019年：97页

1989年，巴州文管所对扎滚鲁克古墓的另外两座墓葬进行了抢救性发掘，其中二号墓的墓主出土于墓葬的第三层，为一老年妇女。她的头发已呈灰白色，两条系有红色羊毛头绳的发辫分别自耳旁垂下，双眉细而黑。其前额正中处黥刺有两个呈上下排列的扁圆形图案，已变成淡黑色。她的左手手背从腕部至除拇指以外的4根手指的指甲际，黥刺有卷草花纹，纹身呈黛色。在出土时，其左手臂曲于胸前，无名指及小指翘起，指甲呈橘红色，可能是在生前染的。

罗布淖尔古冢、苏贝希墓地、营盘墓地、山普拉墓地、洋海墓地等墓葬中，亦有纹身干尸出土。在位于鄯善县的洋海墓地Ⅰ区，数名成年男性干尸的手部均有纹身，图案内容丰富，有梯形曲线纹、涡纹、带对角延长线的菱格纹、锯齿纹、鱼纹等。洋海墓地Ⅰ区第80号墓出土的青年男性干尸右手的鱼纹纹身，十分生动形象，四条鱼在手背呈一字排列，满绘至手指间，鱼体修长，线条简洁。

不只是"装饰"

由于缺少实物资料与文字记载，我们很难确切得知纹身现象出现的具体时间与原因，但可以肯定的是，早期纹身现象的出现有其特定的形成背景和意义。综合文献史料与民族学、民俗学研究，除了满足纹身者的审美需求而具备基本的装饰功能外，纹身还具有区分族群的标志功能、图腾崇拜的标志功能、成人礼的标志功能、婚姻——性吸引功能、原始宗教与巫术信仰的标志功能、等级和身份地位的标志功能、记事表功与求荣的功能等。在一些民族的观念中，纹身可能还具备趋吉避害、医疗保健的功能，他们认为纹身能给他们提供保护，一些位于身体特定部位的纹身被认为具有医疗作用。发现于阿尔卑斯山地区冰冻带中距今约5300年的"奥茨冰人"，全身上下有50余处纹身，大多数位于关节处，研究人员认为这些纹身可能是当时某种治疗关节疾病的医疗手段。

新疆地区出土干尸的纹身现象很可能与该地区原始宗教崇拜有着密切的关系。古代且末、若羌一带为羌族活动地区，有学者认为扎滚鲁克墓地出土的男女古尸面部的纹身图案为羊角状，结合墓地出土大批羊肉制品，推测其与古羌人对羊的崇拜习俗有关。扎滚鲁克墓地出土男女干尸的绘面覆盖眼目，口鼻涂有糊状物，自下颌至头顶扎系一毛织宽带，并以彩色毛绳拴系双手腕部，各种迹象表明，扎滚鲁克墓地的绘面行为是他人对死者所为，应属于丧葬仪式中的一项内容。洋海墓地所见纹身都在手部，且纹身者皆为成年男性。结合其墓葬形制、随葬品及洋海墓地人群所处的社会环境、生业方式等因素，或可推断洋海墓地所见干尸的纹身可能有着成人礼的标志，身份与地位的标志，标记战功或显示纹身者的勇猛等功能。

（作者：董和）

纤纤玉笋裹轻云
西冯堡清代墓地的缠足女性

"钿尺裁量减四分,纤纤玉笋裹轻云"。早在唐代,诗人杜牧的《咏袜》便体现了古人喜爱纤小女足的病态审美观。缠足作为人为改变女性足部大小和形状的一种陋习,在中国汉民族女性中持续了约一千年,直至20世纪40年代才被彻底废除。尽管这一习俗曾在中国古代女性中广泛实施,但在考古遗址中有关缠足的骨骼遗存却很少发现,直到山西省洪洞县西冯堡清代家族墓地出土了大量生前经过缠足的足部骨骼遗存。这种行为始于女性幼年时期,经过数十年的缠裹,缠足行为在骨骼上留下了痕迹,述说着这种带有性别偏见的陋习对于女性健康和生活的毒害。

揭开缠足的面纱:从"畸形审美"到"物化女性的工具"

缠足作为一种人为改变足部原始形态的社会实践,在中国古代妇女中流行了近千年。追溯缠足的历史,不得不提到的就是中国古人对女性阴柔、纤弱的审美追求。汉乐府有"纤纤作细步,精妙世无双";唐有"南朝天子欠风流,却重金莲轻绿齿"等,都表达了对女性足部纤细小巧的赞美。历史文献记载以及考古实物资料表明,北宋时已然出现缠足习俗,并在南宋时逐渐增多,但仅存在于上层贵族阶级的女性中。明清时期,缠足习俗发展至鼎盛时期。清军入关后,康熙至光绪多朝曾多次颁布禁止缠足的诏令,但此习俗在汉族地区已根深蒂固,禁令尽管严厉,却并未得到人们的响应,即使是贫穷的妇女、妓女和小妾也开始在童年时裹脚,直到解放战争期间,缠足终于被废止。尽管在这以后出生的女子再也不必受缠足的痛苦,但已受缠足毒害、双足已成"三寸金莲"的女子,再也不可能变回正常的模样。

福建省福州市浮仓山北坡南宋贵族黄昇墓出土的小脚式翘头尖形弓鞋和黄褐色绢制夹袜。鞋长13.3—14厘米，宽4.5—5厘米，高4.5—4.8厘米；袜面宽6厘米，长16.4厘米，高16厘米。出土时墓主黄昇脚上还有裹脚布带，黄灰色二经绞罗，长210厘米，宽9厘米
图片引自万晶迎《窄袜弓鞋承莲步——以"黄昇墓"出土的文物为例》，《艺苑》，2017（4）

  身体作为社会文化的载体，可以被改造、重塑，女性身体自古以来就体现着权力的控制和干预。缠足不仅是一种改造女性身体的行为，也体现着古代的审美倾向和时代文化。其始于对女性阴柔、纤弱畸形审美的追求，但并非如后世一般残酷。而随着以男性为主导的封建社会逐渐将小脚作为审视女性美的标准，以及封建礼教的日益严格，缠足的道德意义不断强化，以足部大小为主的婚嫁标准以及一味追求小脚的畸形审美也在这样的社会背景中萌生，缠足作为一种对女性身体的重塑，最终发展成为封建男权社会控制女性的工具。

西冯堡墓地

  2018年11月，山西省考古研究院联合洪洞县文物部门对山西省洪洞县大槐树镇西冯堡村西的建设用地预先进行保护性考古勘探及发掘，西冯堡墓地被发现。此次发掘清理清代墓葬145座。多座墓葬发现带有明确纪年的墓志和铜钱，为考证墓地年代提供了直接证据。从墓葬所处地层、墓葬形制、出土器物等情况来看，基本确定这是一处典型的汉族平民墓地，整个墓地的使用时代从清早期一直沿用至晚期。根据发现的墓志铭判断，墓地中存在有

赵、刘两大家族的墓葬。墓地的使用经过统一规划，同一家族的墓葬，从南向北时代越来越晚。西冯堡墓地反映的丧葬习俗同周边乃至晋南地区现当代丧葬习俗具有诸多相似性，更是体现了文化的传承性。

发掘中出土的女性个体足部骨骼的特殊形态引起了考古学家的注意。她们生前足部是否经历过特殊的缠裹？这种特殊的缠裹是否就是中国古代缠足习俗？足部骨骼形态特殊的女性在体质上与正常女性是否存在差异？合葬墓中两类女性群体的共存及其之间的差异能否向我们证明，封建小农家庭中女性存在地位分层？对墓地中的人类骨骼遗存进行人类学分析，可以很好地回答上述问题。

足部骨骼的形态

西冯堡墓地的145座墓葬中，共发现194例个体的骨骼遗存，其中女性个体93例。通过对女性个体肢骨和足骨形态的对比分析可知，其中74例女性个体的足部骨骼上存在非正常的变形现象，另外19例女性个体足骨均呈现正常形态。将西冯堡墓地发现的变形足骨与现在仍健在的缠足女性足部X光影像以及其他考古遗址出土的缠足女性足骨对比可以确定，墓地中足部骨骼形态异常的女性生前正是经历了缠足。

缠足畸形按不同的缠足方式分为两种——跟行足型和马蹄足型。跟行足型主要流行于现在的山东、山西和云南地区。因第2至第5脚趾被拗在脚心，足部呈现前脚掌小、足跟大、中部有高高隆起的足弓的特点。马蹄足型多发现于福建地区。足部呈阶梯状，行走时前脚掌受力大，因此前脚掌大而足跟小，该类缠足女性日常行走活动时需要穿特殊的鞋子。

两种不同类型的缠足畸形的足部长度和宽度与正常妇女相比，均明显变小。整体上，缠足女性的足部骨骼较未缠足女性更小，足底长度更短，有高高隆起的足弓；个体骨骼的变形程度存在差异，远侧和外侧骨骼变形程度更大。

所有缠足个体的跗骨尺寸更小，但变形程度较轻。距骨整体形态上并未发现明显不同，仅体积有所减小。跟骨体中部纤细化相对明显，近端与远端

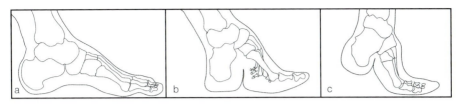

正常女性足部（a）、跟行足型变形（b）和马蹄足型变形（c）的足部对比

足背面观

跟骨体
腓骨肌滑车
跗骨窦
跗横关节
骰骨
第5跖骨粗隆
跖骨
趾骨
近节
中节
远节

外侧结节
内侧结节 } 距骨后突
踇长屈肌腱沟
距骨滑车
距骨颈 } 距骨
距骨头
足舟骨
舟骨粗隆
外侧
中间 } 楔骨
内侧
跗跖关节
跖骨底
跖骨体
跖骨头
趾骨底
趾骨体
趾骨头
趾骨底
趾骨粗隆

足部的骨骼名称及位置
图片引自 Frank H. Netter 著，王怀经译《奈特人体解剖彩色图谱（第3版）》，人民卫生出版社，2005年：图505

纤纤玉笋裹轻云　　81

则未发现明显的变形，使缠足跟骨呈现中间细、两端膨大的哑铃状；跟骨结节较正常，跟骨更为粗糙。骰骨内侧长远小于骰骨外侧长，与第4、5跖骨连接的关节面变小，且受缠足影响，整体向足外侧扭曲。足舟骨整体变得纤细，且其内侧的足舟骨结节处出现明显的钩状突起。楔骨发现得不多，但通过对比，发现缠足者内侧、中间和外侧楔骨体积均变小，其近端与远端关节面因外力扭拗而变形，整体向外侧倾斜。

发现有缠足现象的女性个体中，最为明显的骨骼畸形发生在跖骨上。具体表现为整体骨骼长度变短，骨干部位极其纤细；远端跖骨头和近端基底部受变形影响较小，但跖骨远端变形较近端显著；越靠近外侧的跖骨变形程度越大。

趾骨由于体积小且纤细，在考古遗址中难以良好保存。西冯堡墓地女性个体趾骨保存少，且多为近节趾骨。通过观察，缠足女性趾骨比未缠足女性尺寸小，并且普遍纤细化；趾骨头部向足内侧跖侧弯曲，与基底部扭曲方向相反。

肢骨的运动能力

与未缠足女性相比，缠足女性的胫骨与距骨长期相互作用，在胫骨远端前缘形成新月形的延伸关节面。此外，人类肢骨肌肉粗壮程度可以通过肌肉附着点附近的骨骼特征点测量值及指数体现。西冯堡墓地缠足女性个体下肢骨骼更纤细，其臀大肌、股内侧肌、股外侧肌、股中间肌、短收肌、大收肌、股四头肌、比目鱼肌、腓肠肌、髂肌等肌肉附着部位的测量值及指数均小于未缠足者，但差异不明显。缠足女性肢骨上的肌肉附着部位更为光滑，表明较少的肌肉使用量。总体而言，缠足女性骨骼粗壮度和肌肉发达程度均受到缠足行为影响而不及未缠足女性。

对缠足与未缠足女性下肢骨骼的生物力学分析可以看出，无论股骨还是胫骨，缠足女性的骨干中部生物力学参数均小于未缠足女性，这表明缠足女性下肢骨的抗压缩、抗拉伸、抗扭转、抗弯曲能力均不及未缠足的女性。

西冯堡墓地缠足女性（左）与未缠足女性（右）左脚骨骼位置复原后的形态对比

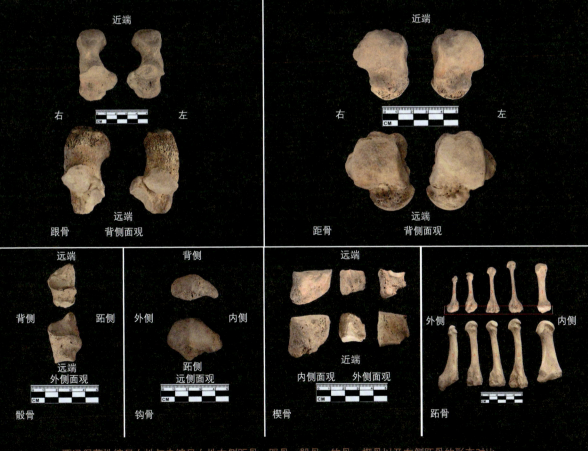

西冯堡墓地缠足女性与未缠足女性右侧距骨、跟骨、骰骨、钩骨、楔骨以及左侧跖骨的形态对比
每张小图上面为缠足女性足部骨骼，下面为未缠足女性足部骨骼

体型的对比

根据身高、体重的复原公式，我们可以推测西冯堡墓地女性生前的体质特征。墓地中的缠足女性的平均身高为152.36厘米，最矮者137.58厘米，最高者165.69厘米；未缠足女性的平均身高为155.63厘米，最矮者140.17厘米，最高者173.44厘米。缠足女性的平均体重为55.27公斤，体重范围为47.61—61.45公斤；而未缠足女性的平均体重为58.35公斤，体重范围为46.46—73.44公斤。缠足女性身高、体重整体均不及未缠足女性，但二者的差异也并不明显。

对于生活在同一时期且同一地点的西冯堡墓地的女性而言，饮食结构、气候环境并不会使她们的身高、体重产生显著差异。众所周知，女性缠足均始于儿童时期。缠足使得个体足部骨骼生长发育受限，并且足部形态的改变使女性不得不改变站立、行走的应力模式。这些最终导致缠足者下肢的骨质流失以及骨密度下降程度大于正常女性。现代医学研究证明，增加运动量可以有效地降低骨质疏松症的发病率。因缠足而带来行动不便和生产劳动参与度下降，缠足女性下肢骨活动能力下降，肢骨肌肉发达程度和骨骼密度均不及未缠足女性。而且缠足后持续用裹脚布将双足裹紧以防止足部长大，缠足女性会持续遭受疼痛并患有足部疾病，饮食和睡眠都会受到干扰，对身体的生长发育也产生影响。这些都是缠足女性身高、体重低于正常女性的原因。

但同样需要考虑到的是，在封建社会时期的大家族中，缠足的女性生产劳动能力丧失，故未缠足女性要分担家庭中正常的劳动生产，她们每日活动量远高于缠足女性。同时，西冯堡墓地的清代居民均属于下层平民阶级，摄入高营养含量的食物十分有限。这可能是造成缠足女性与未缠足女性在身高和体重上并未呈现出显著差异的原因。

缠足女性的家庭地位

墓葬规格和随葬品可以作为衡量墓主人身份地位的主要标准，而西冯堡墓地作为平民阶级的家族墓地，尽管在墓葬规模及形制上无法做进一步区分，但个体随葬品的种类和多寡仍然可以体现缠足与未缠足女性的地位差异。西冯堡墓地中所有未缠足女性均出现于合葬墓中（通常是夫妻合葬，也有一男两女合葬）；缠足女性单人埋葬的比例也很小，占五分之一。通过对随葬品及丧葬习俗进行量化分析后发现，未缠足女性墓葬总价值要低于缠足女性。此外，所有合葬墓中，有6座墓葬为缠足女性与未缠足女性共同葬于同一墓穴，其未缠足女性墓葬总价值仍然低于缠足女性。

虽然缠足的最初目的尚不清楚，但有理由认为，缠足始于富裕阶级，并逐步用以剥离女性的人格属性，实现女性的物化。三寸金莲除了承载着特殊的审美追求之外，身材娇小的缠足女性变得十分脆弱，加上活动能力的削弱，特别需要支撑和保护。在宋朝初期，缠足习俗仅限于精英阶层。明清时期，缠足在社会各阶层盛行。人们认为，缠足女性丧失工作能力，加上对丈夫和家庭的

西冯堡墓地墓葬中出土的随葬品
a煤精块；b铜耳环；c玻璃珠饰；d铜头饰

西冯堡墓地墓葬

a 编号为 M22 的单人墓，墓主为年龄在 30 岁左右的缠足女性；b M63 为三人合葬墓，左侧为未缠足女性，中间为男性，右侧为缠足女性；c M12 为双人合葬墓，左侧为年龄在 51—60 岁的缠足女性，右侧为男性；d M44 为双人合葬墓，左侧为男性，右侧为未缠足女性

依赖，可以被视为家族财富的一部分。在男性主导的社会中，缠足逐渐成为女性通过婚姻改变社会阶级的一种工具，也成为男性优越感和女性自卑感的象征，在男权社会中被用来控制女性的活动及其承担的社会角色。

而在缠足传统仍延续并进入鼎盛时期的清朝，西冯堡墓地未缠足女性在合葬墓中的存在反映了社会对作为少数群体的未缠足女性的接受。从经济学角度来看，社会下层家庭对女性的选择存在着对生产性即经济价值的考量。对父母而言，为女儿缠足增加了女儿嫁入上层阶级或富有家庭的机会，但同时也降低了她从事体力劳动的能力。一旦平民家庭的缠足女性未通过婚姻实现阶级跨越，那么无法从事重体力劳动的她们无论在原生家庭还是在同为社会下层的婆家，都可能因无法为家庭带来收益遭到更为严苛的对待。这就使平民女性陷入了所谓的"农民的困境"。而未缠足女性其自身从未丧失的劳动力价值保障了自己在封建家庭及婚姻关系中仍然有被选择的资格。

自明朝以来，是否缠足的两难困境可能已经不那么严重了，这要归因于不依赖下肢活动的久坐式生产活动的发展与繁荣，这为缠足女性创造了更多的劳动机会，如明末至清中期的棉纺织工业。清代陕西、山西两省形成了区域性棉纺中心，与这一时期中国北方女性普遍缠足的现象相吻合。足部和下肢生物力学特性的部分丧失，以及由此产生的健康问题并不妨碍缠足女性从事纺织工作。因此针对西冯堡墓地埋葬的平民女性，我们有理由认为，未缠足女性可以从事身体负担较重的重体力劳动（如耕种），而缠足女性则可以参与久坐的工作（如纺织和女红）。因此在家庭中，缠足女性与未缠足女性一样具有经济价值。以此为依托，即便处于底层阶级，父母也会同意缠足，以给女儿更多的机会。此外，明代以来廉价耐用的棉布的普及使用，可能会使缠足更容易进行，这也进一步推动了缠足的普及。然而，在第一次鸦片战争后，国内传统土布纺织业受到国外洋布洋纱以及机械生产的严重冲击，直接导致缠足女性经济价值的下降。

西冯堡墓地中缠足与未缠足女性同穴共葬的现象正是反映了这一趋势，揭示了古代家庭中女性的地位分层情况——未缠足女性可以是妻子或小妾，地位仅次于缠足的妻子。西冯堡墓地中缠足女性的墓葬价值要高于未缠足女性，这说明了两组群体可能在经济地位上存在差异，缠足女性在这方面更为优越。墓地中未缠足女性的存在，表明了中国古代未缠足女性的社会经济价值，而缠足的传统仍在延续。尽管缠足女性整体体质较弱，但未缠足女性可能由于社会经济阶层较低而从事较多重体力活动，食物资源少且单一而导致营养不良。在西冯堡墓地，未缠足女性的平均死亡年龄为31.94岁，缠足女性的平均死亡年龄为35.91岁，这表明在男权社会中，未缠足女性生活质量不及缠足女性。

在中国传统的耕织经济中，女性在烹饪、育儿、庭院劳作、耕种等方面的劳动是农村经济模式的重要组成部分。未缠足女性不太可能嫁入富裕家庭，但她们可以避免终生的行动不便，并获得一定程度的经济独立机会，故可以被清代农村地区社会所接受。相比之下，缠足女性有机会获得从事轻体力劳动或不需要从事体力劳动的生活方式，如纺织、女红和照顾孩子。在下层社会，不缠足实际上是提升女性经济价值的一种选择。与废除缠足运动的兴起相结合，缠足习俗的经济和社会成本也随之增加。因此，彻底废除缠足传统也有其经济、文化和政治因素。

（作者：孙晓璠）

第三部分

与世长眠

"奥茨冰人"
穿越5300年的冰雪战士

从雪山走来

1991年9月19日，一个阳光明媚的午后，德国登山游客赫尔穆特·西蒙（Helmut Simon）和妻子埃里卡（Erika）正在攀登奥地利与意大利边境的阿尔卑斯山。当他们艰难行走在海拔3210米的冰雪道路上，西蒙突然发现山谷河床下切的地方好像有一团黄色物体。好奇心引领着他慢慢走上前去，等到看清楚之后，他便惊恐地喊叫起来："是个人！是个死人！"——只见这具尸体面部朝下，全身赤裸，趴在冰块中一动不动。起初，西蒙夫妇以为这只是一具几年前的登山遇难者遗体，万万没想到，他们即将揭开一项轰动世界的古

"奥茨冰人"被发现时
图片引自 https://www.iceman.it/en/the-discovery/

救援人员尝试从冰块中"营救"出"奥茨冰人"
图片引自 https://www.iceman.it/en/the-discovery/

代木乃伊之谜,并引导了众多考古学家投入对这具木乃伊的研究中去。

发现冰人遗体之后,西蒙夫妇拍下一张现场照片,下山之后迅速向警察报案。奥地利当局在第二天便派出一个小队,试图将遗体从冰块中"营救"出来,但是当时气温较低,冰块异常结实,作业难度非常大。救援人员也以为这只是一名不幸的登山遇难者,没有采取保护措施便动用了各种方法,企图破冰。一开始救援人员顺手拿起身旁的一根木棍(实为冰人的弓)用来撬冰未果,之后使用充气钻来碎冰,却不小心破坏了冰人的臀部。当天的行动以失败告终,直到发现冰人后的第五天才把冰人从冰块中"营救"出来。随后,他们在冰人的附近还发现了许多散落的物品:一些兽皮,一把铜斧,一把匕首,一把木弓,以及装着弓箭的箭袋等。

冰人遗体被运下山后,由于保存环境的变化加上缺少保护措施,很快皮肤就开始发霉。在察看了冰人的遗物后,奥地利当局感觉冰人似乎不同寻常。使用碳-14测年法进行年代测定后,所有人都惊呆了:冰人居然死于

5300多年前！比埃及最早的木乃伊还要早1000年！年代大约处于欧洲新石器时代向青铜时代过渡时期。由于这具世界上年代最古老、保存最完好的冰冻木乃伊是在阿尔卑斯山的奥茨山谷发现的，因此人们将他命名为"奥茨"（Otzi）。

历史的巧合

"奥茨冰人"历经5000多年，到今天依旧保存得如此完整，如同刚去世一般呈现在我们面前，为什么他的尸体没有腐朽？他又是怎样完整地保存到现在的呢？

奥茨死在海拔3000多米的雪山上，尸体被掩埋在厚厚的积雪之下。他在死亡后迅速结冻，防止了尸体的进一步腐败，历经几千年，虽然奥茨的尸体已经严重脱水变得干燥，但组织器官却完整呈现在我们面前。一般来说，尸体被冰川包围之后，很容易因冰川运动而遭到破坏，人体的组织和器官很容易发生位移，阿尔卑斯山冰川平均每年移动30米，仅需要几百年的时间，奥茨的遗体就可以到达融冰底部的边缘，但奥茨身体的各个部位却保存得非常完整，究其真正原因，原来奥茨死亡倒下的地方正好位于岩石的凹地，使得这里变成一个稳定的冰柩，冰河不断在他的尸体上方流动，所以尸体完整地保存了下来，他的四肢、皮肤、眼睛、内脏，甚至消化道中的残留物都是完好的，这一切的巧合堪称大自然的奇迹！

由于"奥茨冰人"是在阿尔卑斯山的意大利一侧被发现的，1998年，"奥茨"从奥地利回到意大利博尔扎诺的南蒂罗尔考古博物馆，并被继续妥善保存在冷藏室中。

重回冰人时代

作为目前已知世界上最古老的木乃伊，"奥茨冰人"对人类学家来说简直就是珍宝。自从发现他的那刻起，考古学家、人类学家运用各种先进技术，从

"奥茨冰人"人像复原
图片引自维基共享资源https://commons.wikimedia.org/w/index.php?search=otzi&title=Special:Media Search&type=image

未停止过对"奥茨"的研究。

对"奥茨"进行初步的体质人类学观察和研究得知，其性别为男性，死亡年龄在45岁左右，身高约160厘米，体重在50公斤上下，穿38码的鞋子。其他体貌数据显示，"奥茨"正好符合欧洲新石器时代晚期成年男子的平均特征。另外，通过采用X光和断层扫描技术（CT），英国法医人类学家彼得·维纳兹（Peter Vanezis）生成了"奥茨"头部3D图像，根据这些信息复原出他的头骨形状，并且用黏土构造了皮下肌肉和脂肪，再加上对其五官的想象，成功地对"奥茨"的面貌进行了复原。

澳大利亚地质学家沃尔夫冈·穆勒（Wolfgang Muller）提取"奥茨"牙釉质以及骨骼中的同位素进行分析，结果表明"奥茨"的童年可能是在阿尔卑斯山区的艾萨克（Eisack）河谷上游地区或者是普斯特（Puster）河谷下游地区度过的，他去世前至少在温施高（Vinschgau）地区生活了10年。"奥茨"牙齿以及骨骼样本同位素犹如"奥茨"的旅行日志，记载了他生前所及之地，包括

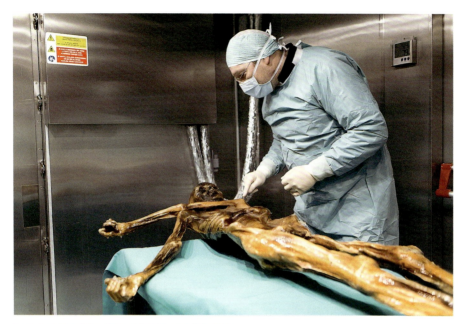

研究人员在无菌条件下对"奥茨冰人"进行采样

图片引自https://www.ancient-origins.net/news-history-archaeology/5300-year-old-otzi-iceman-yields-oldest-known-human-blood-003018

海拔、土壤组成等信息，我们甚至可以知道他每次搬迁的时间。

对"奥茨"消化道内残留物的分析，还原了冰人死前最后两餐的食谱，结果表明，在他死前的八小时，他最后一次进食，吃了岩羚羊肉和红鹿肉并混合着谷物、水果等。两餐的谷物都是高度加工过的小麦糠，推测可能是做成面包后再食用。另外在"奥茨"的胃中，考古学家还发现了多种苔藓残渣，说明他生前吃过苔藓，但是苔藓这类植物既不美味也没有营养价值，可能并不是有意识地吃下去的。我们可以通过苔藓的种类来推测"奥茨"生前的部分生活方式，比如扁枝平藓是用来包裹食物的，他吃下食物时连同苔藓一块吞进腹中。

通过对"奥茨冰人"进行古病理学研究，我们发现"奥茨"在去世的时候身体并不十分健康。他的消化系统中有鞭虫和其他肠道寄生虫，受感染并导致腹泻。他患有关节炎，足骨底部轻微坏死，说明他在死前的很长时间内脚部患有严重的冻疮。指甲上有鲍氏线，说明他死前的半年中得过三次较严重疾病，最后一次是死前两个月。黑色的肺部，可能是长期吸入篝火的黑烟所致。此外，考古学家还在他身上多处地方发现了刀伤。

死亡之谜

自从"奥茨冰人"被发现的那一刻，他的死亡原因一直是个谜团。5300年前，他是怎么来到雪山的？到底发生了什么事情夺走了这个男人的生命？许多法医人类学家试图从各种细节来还原事件的真相，推测死亡原因。

最初研究认为，"奥茨"死时面部朝下，呈现出跌落的样子，对他进行CT扫描以及X光检测的时候，只发现了一些断骨，并没有发现致命伤，因此有的人推测"奥茨"是不小心从山上跌落摔死的。意大利考古博物馆的研究人员却认为，"奥茨"是在雪地里睡着了受冻而死或是死于雪崩。还有的人认为"奥茨"是被人埋葬在雪山上，理由是如果他是在发现地点死亡，随身物品不应该分布得这么零散，为此，他们模拟了数千年里冰雪凝结和消融导致的物体位置变化，推测"奥茨"的遗体原先被安放在距离发现地点约5米的一处石台上，身边的物品是经过仔细摆放的随葬品，尸体和多数物品都发生了位移，只有背包还在原处。

"奥茨冰人"的武器

图片引自 https://www.iceman.it/en/equipment/

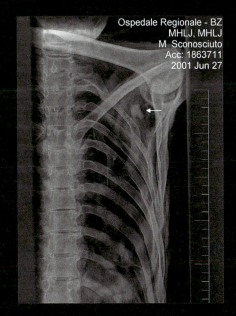

"奥茨冰人"身体里的箭头
图片引自 http://news.sina.com.cn/c/2011-10-24/073023351578.shtml

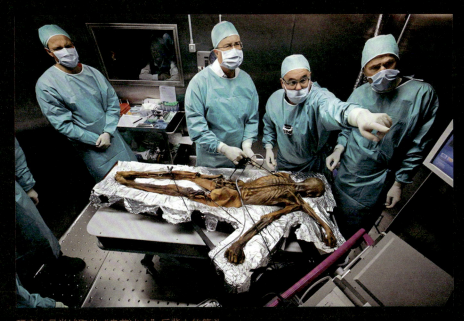

研究人员尝试取出"奥茨冰人"后背上的箭头
图片引自 http://news.sina.com.cn/c/2011-10-24/073023351578.shtml

直到2001年6月，放射科医生保罗·高斯特纳（Paul Gostner）在用X光机对"奥茨"的断裂肋骨进行扫描时，发现了他左肩胛下一小片厚重的三角形阴影，后来确认这是一枚锋利的箭头！这枚箭头从后面射进去，将"奥茨"的一根动脉划开了一道长达1厘米深的伤口，这很有可能造成严重的内出血，直接导致"奥茨"的死亡。

难道"奥茨"真的是被人射中后死亡的吗？也不然。2011年11月底发布的一项研究结果表明，冰人右眼有一道很深的切口，在右眼和额头附近有蓝色的铁晶体存在，但是他死亡地点周围的岩石中铁含量偏低。研究者怀疑这些铁是由于右眼切口大出血所致，这可能才是奥茨的致命伤口。直到目前，要确切地查明冰人的死亡原因还需要更加全面的调查，他的死因依旧是一个神奇的谜团。

冰人后代今何处？

古DNA技术在考古学、人类学上日益广泛的应用，为我们对"奥茨"的研究提供了一个更广阔的平台，开创了这方面研究的先河。

2008年，一支研究团队对"奥茨冰人"的DNA进行了全面排序，目的是为了给冰人找到后代。在奥地利西部的蒂罗尔，因斯布鲁克医科大学法医学研究所的科学家提取了3700名献血者的DNA样本并进行检测，其中有19人的DNA与"奥茨冰人"相匹配。也就是说，他们是"奥茨"的"后代"。

当然，这些研究结果并不意味着蒂罗尔地区的19名样本贡献者就是"奥茨冰人"的直系后代，只能说明他们很可能拥有相同的祖先，这也在分子生物学层面为冰人的研究提供了一个新的思路和突破口。

体质人类学通过人类遗骸来研究古代居民种属和生活环境。对古代人类遗骸，特别是对在极端特殊环境下保存下来的木乃伊的研究，要建立在多学科、多角度综合研究的基础上，尽可能多元地复原其生前的基本情况，为体质人类学研究领域注入新的血液和生机。

（作者：孙志超　张群）

"红皇后"
湮没在恰帕斯丛林中的玛雅第一夫人

在墨西哥的恰帕斯州北部,矗立着一座逾时千年的玛雅古城——帕伦克,庙堂林立,碑石成群,丰富的图画与铭文记录着玛雅文明最辉煌的时期,它们所陪伴的,是沉睡在宏伟建筑之下的帝王及其亲眷。在诸多显贵之中,有位被称作"红皇后"的丽人,她生于玛雅古典期晚期,死后被葬在帕伦克13号神庙中,周身覆涂血红的朱砂,这种带有鲜怒生命力的色彩使她看起来既庄重又美丽,仿佛从死亡之地回到了世间。墓中的物品奢华繁美,规格仅次于邻侧的巴加尔大帝(K'inich Janaab'Paka),而其中却没有留下任何记述她生前荣光的文字。她究竟是谁?为何会葬在此处?她的故事如同青纱之后的背影,只能窥得其踪而不能知其全貌。考古学家在现代科技的帮助下,逐渐揭开层层迷雾,向我们展现了这位玛雅第一夫人生前身后的图景。

文明长夜后的破晓

现今我们所看到的帕伦克,是她沉寂了千年之后的模样,故人已去,能诉说过往的只有高大的神庙和刻有象形文字的石柱与雕塑。历史上她曾辉煌过,却又像每一个繁荣过后的城市那样难逃成为废土的命运。18世纪中晚期,她迎来了沉寂后的首批造访者,其中包括安东尼奥·德尔·里奥(Antonio del Rio),1786年5月,这位西班牙将领和随从们来到此地,茂密的灌木并没有阻挡好奇的探险者,他令人焚烧植被,使得废墟重现天日。在今天看来,他的挖掘行为既鲁莽又缺乏科学性,但他的记录与报告却重新将失落的世界铺展在人们眼前,随后,探访者接踵而至,无一不为这伟大的文明所折服。

最有名的当数20世纪中叶发现的哈纳布·巴加尔的陵墓。巴加尔大帝是

玛雅第一夫人"红皇后"
图片引自 https://www.nationalgeographic.com/history/history-magazine/article/Maya_Red_Queen

俯瞰帕伦克遗址

图片引自［美］苏珊·托比·埃文斯著，李新伟等译《墨西哥与中美洲古代文明》，生活·读书·新知三联书店，2023年：图12.14

玛雅历史上赫赫有名的帝王，亦称巴加尔二世，在他的统治下帕伦克走上了巅峰，我们今日所见到的大多数恢宏的帕伦克建筑都是在他的时代建造的。这位君主的石棺被安置在一座名为"铭文神庙"（Temple of the Inscriptions）的金字塔中。依偎在这座著名建筑旁边的，是一座编号13的神庙，起初人们并没有给予这座已部分倒塌的神庙太多关注，直到1889年它才第一次被阿尔弗雷德·莫兹利（Alfred P. Maudslay）编号并标注在他绘制的地形图上。而正如多数考古发现所揭示的那样，重要的发现总是相伴而行。1994年，考古学家阿尔诺德·冈萨雷斯·克鲁兹（Arnoldo González Cruz）带领的考古队开始探查并清理这座神庙，他们被眼前的景象惊呆了——神庙中亦安息着一位地位很高的贵族，她就是后来闻名世界的"红皇后"。

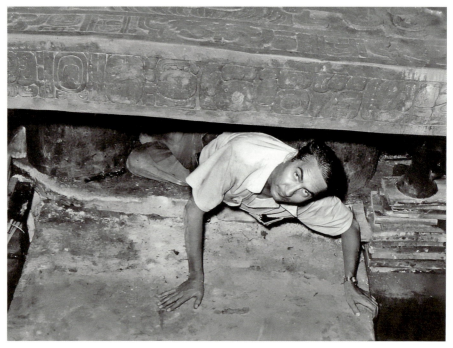

考古学家阿尔贝托·鲁兹（Alberto Ruz）在巴加尔的墓室中
图片引自 https://www.latinamericanstudies.org/alberto-ruz.htm

偶遇伊人

1973年，豪尔赫·阿科斯塔（Jorge Acosta）在完成铭文神庙西北角的清理工作之后，继续调查了13号神庙的基座，在他之前已经有几位考古学家对这里进行了清理，阿尔诺德一行人循着前人们的足迹继续对13号神庙进行发掘，不久就在基座的二级阶梯上发现了一个被封死的门。清理封门的砖石着实费了一番功夫，不过之后的发现却使得这些工作十分值得——石块之后，是全帕伦克保存最完好的壁画走廊以及三个石室，只有中间的石室有使用的痕迹，入口用石板密封并涂抹灰泥。石室之后会是什么呢？里面的情况是否也会像这些壁画一样保存完好呢？好奇心驱使人类进步，同样也驱使考古学家探索，他们决定在墙上开一个口，考虑到石室也许会被用作墓室，为了不破坏可能存在

巴加尔二世的头像石雕
图片引自［美］苏珊·托比·埃文斯著，李新伟等译《墨西哥与中美洲古代文明》，生活·读书·新知三联书店，2023年：图12.16

巴加尔二世的玉石面具
图片引自 https://zhuanlan.zhihu.com/p/34891870

"红皇后" 103

依偎在一起的铭文神庙（左）与13号神庙
图片引自 https://moroccangringos.files.wordpress.com/2014/04/20140426-164737.jpg?w=1024&h=576&crop=1

的装饰，切开的位置最后被选在了石室的北墙，当光亮从那个小小的开口照进去时，人们意识到，这座墓葬的规格仅次于巴加尔大帝的安息之所。

  在寻找外部入口无果后，考古学家们继续从石室的北壁入手打开了墓室。首先映入眼帘的，是地面上的一些陶器碎片。墓室长3.8米，宽2.5米，墓内空间几乎被正中的石棺所填满；石棺用整块石料雕成，并用朱砂涂成了红色，上以一块石板为盖，在其中央放置着一个香炉，以及一枚骨质纺轮，石棺东西侧的地面上各有一名殉人。清理完墓室地面后，考古学家们紧锣密鼓地开始清理石棺，开启棺盖并不是一件简单的事，移动这块长2.4米，宽1.18米，厚10厘米的石板耗费了不少时间。墓主确实地位非凡，馆内充满珠宝与贝壳，他（她）可能曾戴着孔雀石制成的面具，身体各处散落的一些宝石说明下葬时他（她）可能还佩戴有项链、耳饰和腕饰，此外他（她）全身的骨骼上都覆盖着一层鲜红的朱砂，即使千年之后依然散发着一股神秘的气息。

13号神庙内部

图片引自 https://en.wikipedia.org/wiki/Tomb_of_the_Red_Queen

"红皇后"的豪华石棺

图片引自 https://www.sinembargo.mx/26-06-2012/276471

珠光宝气的"红皇后"

图片引自 López Jiménez, Fanny, ¿Quién es la Reina Roja?, Arqueología Mexicana núm. 66-69

重重迷影之下的身份

墓主究竟是何人？他（她）与巴加尔大帝之间存在着什么联系？墓室中没有任何能表明墓主人具体身份的文字或者随葬品，这不禁有些令人失望。但线索并没有终止，也许人们能从别的地方获得一些有用的信息。当生物考古学家加入时，距离谜底就变得更近了一些。生物考古学是考古学的一个分支，主要以考古遗址中出土的生物遗存为研究对象，通常有广义和狭义之分，狭义的生物考古学研究人类遗骸，通过各种生物科技手段获取人类骨骼上留下的病理、遗传信息等，并结合考古材料进行分析研究。大多数玛雅城市都埋没于热带雨林之中，潮湿的环境和酸性的土壤是骨骼保护的大敌，早期"探险者"的盗掘亦对遗骸造成了巨大的破坏，此外，玛雅人的葬俗是将死者埋葬于居住址之下，使得人骨材料既分散又难以提取。这些都对研究造成了阻碍，但并不影响生物考古学对于玛雅文明的研究做出越来越多的贡献。

维拉·蒂斯勒（Vera Tiesler）和她的团队接过了接力棒，对墓主人和两名殉葬者进行分析。研究显示，墓主是一名女性，曾多次生育，身高大约154厘米，略高于史前玛雅女子的平均身高（150厘米），骨骼上附着红色朱砂，"红皇后"这个称呼便是由此而来。事实上，涂抹朱砂是一种广泛存在于玛雅贵族中的葬俗。朱砂在葬礼中被涂抹在死者身上，肉身腐烂后朱砂就渐渐转移到了骨骼上，玛雅人认为涂抹朱砂会让死者看起来像活着一样，水与朱砂混合后像鲜血，与玛雅人的重生信仰有着一种隐秘的联系。根据颅骨骨缝的情况来看，她死亡时50—60岁，牙齿磨耗程度却较轻，说明饮食精细，而早发且严重的骨质疏松也暗示了她的高蛋白饮食结构，这些都能反映出她是一位养尊处优的贵族。由于13号神庙紧邻铭文神庙，两座墓葬又有着较多相似之处，许多学者都认为"红皇后"与巴加尔二世之间必然存在着千丝万缕的联系。

于是，一些样本被送去做碳同位素测年与基因检测。被送去测年的是"红皇后"和两名殉葬者的骨骸，测年结果为公元620年到680年——这个结果是根据两位殉葬者的样本得出的，处于巴加尔二世的统治时间内，"红皇后"的测年结果由于出现了较大的误差而被弃用（可能是葬礼中一些防腐措施对骨骸

"红皇后"的孔雀石面具
图片引自 https://www.metmuseum.org/blogs/now-at-the-met/2018/golden-kingdoms-red-queen-women-of-power

造成了影响）。为确认"红皇后"与巴加尔二世是否有血缘关系，一些骨骼样本被送去加拿大的湖首大学（Lakehead University）进行基因检测，结果显示二者既不是母子，也不是兄妹。

墓主与巴加尔大帝应生活在同一时期，地位崇高却和他没有任何血缘关系，一个极有可能是"红皇后"的人物逐渐走进了人们的视野——查克布·阿浩（Ix Tz'akb'u Ajaw）。

揭开"红皇后"的神秘面纱

查克布·阿浩，名副其实的"红皇后"，她与巴加尔二世的关系是亲昵的，安眠于此既合情又合理。这位第一夫人生活在玛雅古典期晚期，公元626年成为巴加尔二世的妻子，彼时她还是一名少女，也许来自其他城邦，出于政治目的嫁到此地，在后来的人生中与她的丈夫一同俯视着广袤的领土并祭祀祖先。她生下了三个孩子，其中巴鲁姆二世（K'inich K'an B'alam Ⅱ）和奇塔姆二世（K'inich K'an Joy Chitam Ⅱ）继承了王位。她在度过了较长的后半生之后，于公元672年去世——骨骼上的病理现象指示着她的死因，骨质疏松症及其可能引起的并发症也许是其中的重要因素，牙槽以及下颌骨吸收的迹象表明她生前患有严重的牙周脓肿，这一定令她时刻遭受着牙痛的苦恼。俗话说"牙疼不是病"，其实不然，牙齿炎症如不及时治疗会累及下颌骨，病菌也会随着血液传播造成其他部位的感染，这种扩散开来的感染对当时的患者来说就是一场噩梦，所以这亦可能导致了"红皇后"的死亡。

在调查工作前期，维拉和她的团队曾根据"红皇后"的颅骨形态对其面部进行分析。和许多玛雅人一样，她小时候被人为地改变了颅骨形状，这就给面部重塑带来了一些困难，因为骨骼形状的改变也会对肌肉造成影响，她的额头扁平且向后倾，下巴高而突出，鼻子挺直。最终考古学家们结合恰帕斯现代拉坎敦人（Lacandon）的外貌绘制了"红皇后"复原画像，并与帕伦克碑刻上的查克布·阿浩形象进行了对比，发现了许多相似之处。维拉还邀请了著名的法医艺术家卡伦·泰勒（Karen T. Taylor）为"红皇后"进行整体的面部重塑，

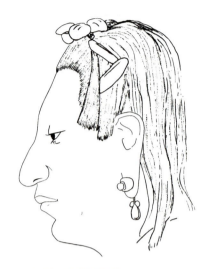 

"红皇后"面部复原画像

图片引自Tiesler V，Cucina A，Pacheco A. R.Who was the Red Queen? Identity of the female Maya dignitary from the sarcophagus tomb of Temple XIII，Palenque，Mexico. *Homo*，2004，55（1/2）：65-76

碑刻上的查克布·阿浩形象

图片引自Tiesler V，Cucina A，Pacheco A. R. Who was the Red Queen? Identity of the female Maya dignitary from the sarcophagus tomb of Temple XIII，Palenque，Mexico. *Homo*，2004，55（1/2）：65-76

请人扫描并用树脂复制了"红皇后"的颅骨，经过严密的测量与计算后制作了面部复原像，世人终于见到了这位丽人的"庐山真面目"。

结语

在玛雅考古学界，多数人都认可维拉的观点，即"红皇后"就是查克布·阿浩，在这个过程中，生物考古学证据起到了十分重要的作用，而若要得到一个完全确定的答案，则需要查克布·阿浩的血亲们为她"做证"，我们期待他们被发现，同时也期待生物考古学的研究结果能为这桩悬案画上一个完美的句号。自玛雅文明的遗珠被发现起，关于这个伟大文明的讨论就从未停止过，她因为谜团而充满魅力，丰富的建筑与铭文材料令考古学家心驰神往。早期对于玛雅人骨研究的关注热度似乎并不如建筑和铭文，在这片雨林中，不知

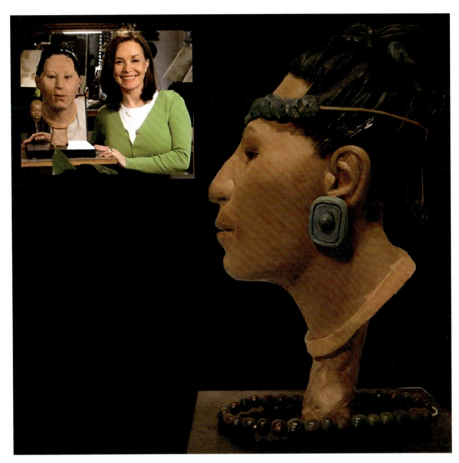

卡伦·泰勒与"红皇后"复原头像
图片引自 http://www.karenttaylor.com/

还沉睡着多少位"红皇后"，她们留下的谜团等待我们去推理，去解答，考古学分析的过程就像是推理的过程，拥有的方法越多，证据越详细，就越接近真相，而生物考古学无疑为我们提供了一条新的解题思路，相信在未来，生物考古学的方法能够帮助考古学家们解开一个又一个的"红皇后"之谜。

（作者：王安琦）

臂弯深处最安眠
青铜时代的母婴合葬墓

在中国的西陲，有一片被群山环绕的绿洲——吐鲁番，它独特的气候和丰饶的物产养育了此地的居民。史前这里居住着苏贝希人，一个包容的人群，他们的随葬品中既有来自东部邻居的陶器，又有来自西部草原的动物纹饰品，拥有深邃眉眼的人与有着柔和面颊的人都在同一片星空下舞蹈。他们是车师人的祖先，一部分人定居于此，一部分人又像火种一样散开，于是在新疆的许多史前文化中都能看见他们的身影。苏贝希人中的一支安眠在如今吐鲁番市亚尔镇加依村南的戈壁台地上，考古学家将他们命名为加依人。

发现加依人

2013—2014年，考古学家对加依墓地进行了发掘，随葬物品显示这是一群生活在青铜时代—早期铁器时代的牧人，他们放牧牲畜，也进行一些狩猎和种植的活动。

墓葬中出土了许多人骨遗存。骨骼是一种处在中间态的东西，生命确实消逝了，但它以另一种方式留在活人的世界里——沉甸甸的重量，白色或者黄色，光滑或者粗糙，它是自己生命的载体，也记录下别人的痕迹。通过这些骨骼我们知道，如同大多数古代人群那样，加依人在接近40岁的时候就走到了人生的尽头。他们擅长骑马、射箭，关节上的退行性变化，比如骨赘等诉说着他们辛勤劳作的日常。男性也许从事放牧、狩猎等繁重的体力活动，为家庭提供营养来源；女性也许负责照料美丽的屋舍和小种植园，制作一件件用于抵御寒冷的衣物。

还有一些不那么幸运的人，在幼年或青少年时就夭亡了，研究者在这些小

加依墓地出土的木俑
图片引自王龙、肖国强、刘志佳、吕恩国、吴勇《吐鲁番加依墓地发掘简报》,《吐鲁番学研究》,2014(1):图版四

小的骨骼和牙齿上发现了他们曾经遭受过生存压力和暴力的证据。疾病或者是营养不良影响了牙齿的发育,使他们的牙釉质出现一道道横纹或者斑点。另一些个体颅骨上的创伤则记录着他们生前所遭遇的不幸,这些暴力行为可能是由想要抢夺资源的其他部落人群施加的。

加依母婴

墓葬主要为单人葬,仅有少数合葬墓。有四座成年女性与婴儿的合葬墓(M31、M70、M222和M224)引起了研究者的注意。

M31中的成年个体颅骨和下颌骨位于左侧髋骨附近,双侧锁骨、左侧肋骨及双侧下肢骨亦扰乱。尽管左侧手骨不见,但可以看出下葬时左侧上肢骨应是以肘关节90°弯曲的状态折放于腹部之上;右侧上肢骨则以肘关节轻微外屈的状态位于躯干右侧。婴儿个体虽然已经散乱,但可以看出下葬时头部枕于成年个体的右肩部,被放置在其右臂臂弯内。此外,还有一段未知个体的胫骨也被放置在了墓中。

M70中的成年个体骨骼基本位于解剖学位置,手足骨散乱但均集中分布在

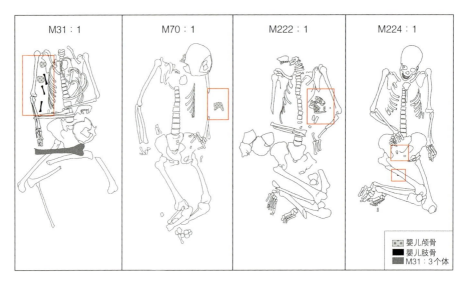

四座母婴合葬墓

正常位置，该个体双侧上肢骨分别位于躯干两侧，右侧肘关节轻微外屈，左侧则见婴儿头骨碎片位于上肢骨外侧。推测成年个体为仰身屈肢葬，婴儿个体则可能在下葬时被放置在其左侧臂弯内或臂旁。

M222中的成年个体头骨部分仅有一件下颌骨碎片尚在解剖学位置附近，其余则破碎且集中分布在右侧髋骨旁侧，应系后期扰乱所致。她的双侧肘关节均外屈，双臂呈环抱姿势，双手叠放在左侧腹部上，恰好将婴儿圈于其左臂之内。婴儿骨骼破碎，但根据位置推测其下葬时应当被安置在了成年女性的左侧躯干之上，臂弯之内。

M224中成年个体的骨骼基本处于解剖学位置，她的左上肢骨伸直并位于身侧，左手掌心向下；右上肢骨则保持肘关节外屈的姿势，右手置于右侧下腹部上。骨盆内水平面较低的位置依稀可见一婴儿颅骨碎片，而骨盆正下方区域亦可识别出一婴儿肱骨远端残段。

研究者判断，这四座墓葬为母婴合葬墓。那么又是什么导致了他们的死亡呢？

从子宫到坟墓

四座墓葬中的婴儿都处于围产期,造成母子俱亡的原因很可能是分娩前后出现的意外状况。研究者运用古病理学的方法,以及妇产科评估骨产道难产的手段对四名女性墓主进行了研究。

M31、M70和M222三座墓葬可以确定是母亲生产后死亡的,由于没有其他明显的古病理学证据,死因被指向了难产和产褥期疾病。环境因素导致的营养不良和感染性疾病的流行可能也潜移默化地增加了加依女性孕期所面临的死亡风险。加依人以牧业为主的生业模式以及吐鲁番地区人群混杂、交流频繁的特征无疑增加了该人群中感染性疾病流行的风险。已有研究者从距离加依墓地仅三百余公里、年代稍早的泉儿沟遗址人骨中成功发现并提取了沙门氏菌的古DNA遗存。

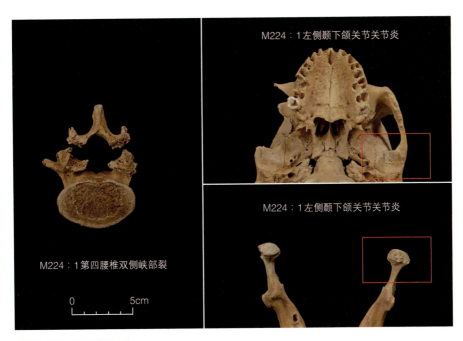

M224成年个体的病理现象

臂弯深处最安眠　　115

M224墓葬中的个体较为特殊，由于成年个体保存状态完好，研究者从现场记录照片上可以清楚地观察到她的双侧肋骨大概从第七肋开始有外扩趋势，说明她死前尚未分娩，或者处于分娩不久后的状态，处于骨盆下部的婴儿骨骸将他们的死亡时间定在了分娩前或产程开始的阶段。造成这对母婴死亡的原因可能是孕期并发症或者难产。母亲的骨盆入口径处于骨盆狭窄定义的临界值，这也许会给分娩造成困难，但第四腰椎上的双侧峡部裂无疑会对她的生活产生巨大的影响。首先，这会造成巨大的疼痛，甚至会压迫神经，造成下肢麻木；其次，这对分娩不利。无论这是孕期对腰椎的压力还是由外力造成的，势必都对这对母婴的结局造成了影响。婴儿骨骸的位置也暗藏玄机，他的颅骨碎片在上，肢骨位置在下，有臀位的可能；除了被扰动至骨盆下部，还有发生"棺内分娩"的可能，这种现象较易发生在产程已经开始的时候，也暗示了一种母婴死于难产的可能性。

母婴合葬复原图

母婴情深

有三对母婴是人为将他们合葬在一起的,婴儿都被放置在母亲的手臂侧,互相依偎。时逾千年,我们依然能看见两个婴儿被母亲环抱于臂弯内。在世界各地的一些古代和现代社会中,丧葬仪式的盛行被解读为"灵魂不死"观念的体现,人们认为肉体的消亡并不代表人的终结,而是人以另一种形式继续存在,且能够与活着的个体产生联系。丧葬仪式由生者主导,主要表现了生者的意志,这种意志包含了生者对死者意愿的尊重,也包含了生者自己的愿景。加依人也许认为母亲和婴儿会在死后的世界重逢,于是将他们以臂弯环抱的姿势合葬,希望母亲的手臂依然可以保护和照料幼子,保持他们亲密的联系。同时,帮助母婴在死后世界团聚也是对生者的告慰。

在台湾的卑南遗址(新石器时代)、河南洛阳偃师商城(青铜时代早期)等遗址中也发现了母婴合葬墓,婴儿位于母亲的身侧或手臂内侧。这种葬式在地域上没有明显的分布规律,也都不是主流的埋葬方式,在墓地中只占极少数;在史前发现相对较多,而历史时期有成年男女与婴儿合葬或多人与婴儿合葬,少见母婴合葬,这种情况较可能是丧葬观念的改变。

结语

死亡和睡眠是一对兄弟,我们的意识从梦境中诞生,又在死亡中走向永恒,而母亲将我们从混沌中孕育出来,自此建立了我们与这个世界的联系。

从本质上说,人类和动物都是自然的造物,但创造使我们与众不同,向上建起房屋,向下挖出墓穴。我们创造着自己的遗产,最初可能是一片可以吹出声响的树叶,后来它很快就腐烂,离我们而去了,而岩石上的手印依然在日升月落之时陪伴着我们。人类又是什么时候意识到肉体会腐烂,意识到我们也会像那片会发出响声的树叶一样跌入大地呢?我们举行了第一个葬礼,用颜料涂抹逝者灰败的皮肤,用鲜花和小石子装饰他们沉睡的地方,从我们的手掌滑落、铺散在毫无生气的肉体之上的泥土,掩盖了腐烂,掩盖了离别,掩盖了悲伤。

  受到营养条件、居住环境、医疗技术、文化行为等各方面因素的直接和间接影响,古代女性在孕期到生育的过程中面临着较大风险,母婴合葬墓这种特殊形式所体现的加依人对母婴之间亲密联结的重视,既是对中国古代"灵魂"思想的一种补充,也是古代社会个体关怀的重要表现。

(作者:王安琦)

"相拥千年"
白骨青灰一生两望，相拥而眠至死不渝

情感是人类行为的重要驱动力，幸福、厌恶、仇恨、爱情等情感，影响着人们对世界的认识和行为方式。英国考古学家马修·约翰逊（Matthew H. Johnson）认为，物质世界是通过情感（包括思想、信仰和文化态度）不断塑造和调节的。剧本、纺织品或装饰品上的文字等形式可以使情感具象化，成为情感交流的物质载体。在考古学研究中，情感的解读要有实物证据，学者们需通过解读物品、习俗（如特定器物组合、样式等）中所蕴含的内涵来重构情感。爱与对爱的渴望是人类情感中非常重要的组成部分，饱含爱意的埋葬是古代人类行为中爱的表达方式之一，如泰姬陵是莫卧儿帝国皇帝沙贾汗为纪念爱妻所建；在中国古代的墓葬中，能够直接体现爱情的实物资料发现较少，在人类骨骼遗存中更为罕见。

夫妻合葬墓是中国古代墓葬中很常见的类型，是最能体现夫妻关系、爱情、亲情的考古遗迹。夫妻合葬墓的类型多样，可以细分为异棺异椁、同棺异椁和同棺同椁等，葬式以仰身直肢葬为主。在北魏时期的一座合葬墓中，男性墓主和女性墓主呈互相拥抱的姿态，女性墓主的左手手指上佩戴着一枚指环。这座北魏合葬墓不仅反映了墓主人之间的亲密关系，也很可能是墓主人之间爱情的实证。

大同碧桂园S2地块北魏墓群与M831墓葬

碧桂园S2地块北魏墓群位于山西省大同市平城区永泰南路，为配合碧桂园小区的建设，大同市考古研究所对该地块勘探出的600余座墓葬进行了抢救性发掘。经发掘者对丧葬习俗和出土器物的考古学分析，墓葬主体年代应属于

M831

北魏时期。

该墓群的墓葬形制以带有长斜坡墓道的偏室土洞墓为主；随葬品以陶罐、陶壶等陶器为主，少量墓葬发现牛腿骨等动物骨骼。墓葬的规格、形制、结构和方向均不完全统一，表明该墓群的使用者可能存在家庭、族群的差异和社会等级的划分。由于发掘工作仍在进行，更多的墓葬资料尚未正式发布。

该墓群的墓葬以单人葬为主，仅有少量的双人合葬墓。合葬墓中的M103、M183和M831均为男女合葬墓，墓中男女个体均以面对面侧卧的葬式埋葬。M831中的两具人骨遗骸保存完好，可以清晰分辨出男女墓主人以紧紧相拥的姿势侧卧埋葬，这种拥抱葬式在国内的考古发现中极为罕见。（M183也存在相拥葬式的可能性，但因骨骼遗存保存情况较差而难以确定。）

据该墓地人群夫妇合葬的习俗，推测M831的男女墓主人可能为夫妻。随葬品为棺室外侧清理出的2件泥质灰陶盘口罐，口沿下饰戳刺纹；1件泥质灰陶喇叭口陶壶，素面无纹饰。棺底有残留的草木灰和炭粒，系埋葬时铺设的防潮材料。值得一提的是，在位于墓穴左侧的女性左手第四指的近节指骨上，发现了一枚银色素面指环，指环外径18毫米，内径16毫米，宽5毫米，设计朴素，表面没有任何装饰或铭文。

M831骨骼鉴定

首先，根据邵象清、简·比克斯特拉（Jane E. Buikstra）和道格拉斯·乌贝拉克（Douglas H. Ubelaker）对骨骼特征和牙齿的鉴定标准[1]来综合判断M831墓葬中两具骨骼的性别、死亡年龄和身高。接着，参考夏洛特·罗伯茨（Charlotte Roberts）和基斯·曼彻斯特（Keith Manchester）的《疾病考古学》

---

[1] 邵象清鉴定标准出自复旦大学人类学研究室邵象清教授编著的《人体测量手册》，出版于1985年，是国内普遍使用的人骨性别和年龄鉴定标准。比克斯特拉和乌贝拉克鉴定标准出自《人类骨骼遗骸数据收集标准》，出版于1994年，在芝加哥菲尔德自然历史博物馆的一次研讨会上由生物人类学家和生物考古学家共同编写，这本手册在美国和加拿大的大学和实验室普遍使用，是较为常用的国际通用标准。

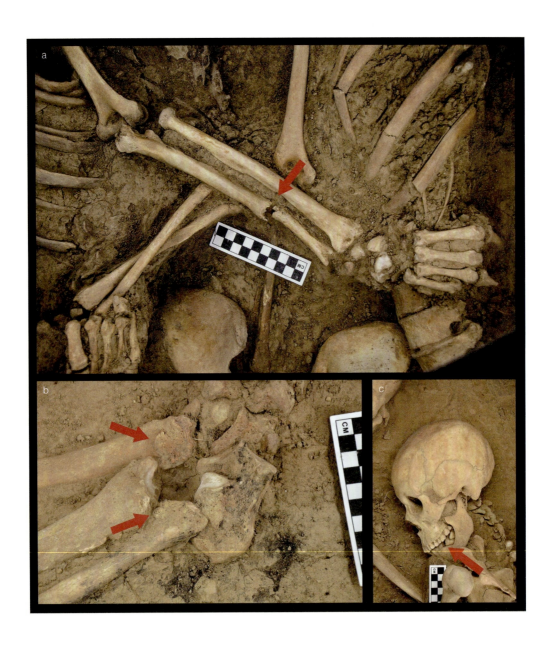

骨骼的病理和创伤
a 尺骨远端骨折；b 右侧胫骨和腓骨远端关节处有较厚骨赘；c 下颌左侧第一臼齿生前缺失

(*The Archaeology of Disease*)、唐纳德·J. 奥特纳（Donald J. Ortner）的《人体骨骼遗骸病理鉴定》和朱泓的古病学鉴定标准，对骨骼遗存上的病理现象和异常情况也进行了详细的记录和分析。

M831保存完好，需要进行整体保护和博物馆展陈，因此为了保护人骨埋葬姿势的完整性，该墓葬中部分重叠的骨骼并未清理，整个墓葬未完整揭露。已揭露的部分骨骼保存状态完好，例如髋骨（最为可靠的性别指标）、坐骨大切迹和颅骨形态均已清理且保存较好，可以用作性别和年龄的鉴定。

经鉴定，右侧个体（编号M831：1）骨骼整体粗壮，骨盆的耻骨下角较小，颅骨枕外隆突呈喙状，左右侧乳突显著，男性特征明显。耻骨联合关节面呈椭圆形，背侧缘开始向后延伸，腹侧缘开始形成，形态介于鉴定标准的3期和4期之间，死亡年龄范围应在29—35岁。根据胫骨的最大长度计算出该男性个体身高约为161.5厘米。骨骼创伤和病理方面，其尺骨远端骨折，骨干完全断裂，愈合状况差，断口骨质增厚，骨干直径变大，推测骨折周围软组织严重感染。右手第四指骨第二指节远端和第三指节缺失，骨干完全愈合，呈圆锥形，可能是发育畸形或由生前骨骼损伤导致。此外，右侧胫骨和腓骨远端关节处有较厚骨赘。

左侧个体（编号M831：2）骨骼整体较为纤细，骨盆的耻骨下角接近直角，眶上缘薄而尖锐，前额平直，顶结节明显，乳突较小，枕外隆突不明显，偏向女性特征。耻骨联合面呈卵圆形，轻度内凹，背侧缘向后扩张，腹侧缘逐渐形成，死亡年龄估计为35—40岁。由于整个齿列的咬合面尚未清理，牙齿磨耗程度无法判断。根据胫骨的最大长度推算，这名女性个体的身高约为157.1厘米。骨骼健康状态方面，其下颌左侧第一臼齿生前缺失，齿槽愈合；第二臼齿向近端倾斜，罹患邻面龋。除此以外，在所有已揭露的骨骼中未观察到明显的其他病理迹象。

紧紧相拥的姿势

学者根据M831中出土人骨的葬式，重建了这对墓主人的相拥姿势。棺椁

M831中两具骨骼的姿势及复原图

中，两位墓主人面对面相拥侧卧，女性个体的位置较男性个体低13.3厘米。男性个体面向左侧，腹背向右侧弯曲，似弓形；两臂向左伸出，呈拥抱姿势。头骨向左旋转近180度，面部朝下，枕骨朝上，颈椎向左扭曲——这应属埋葬之后软组织腐烂而造成的颅骨扭转。肋骨右侧朝上，左臂外展旋后，右臂内侧旋转，肩部内收，肘部旋前。左前臂未露出，推测位于女性骨骼下方，右前臂延伸至女性骨骼；右手放在女性骨骼的腹部区域，掌心朝下。骨盆略向左侧，两个髋关节处于内收位置，右侧股骨高于左侧股骨。双腿均转向左侧，左腿向外侧转动，右腿向内侧转动。

女性个体骨骼的左侧已被大面积揭露。总体来看，该个体向右偏转，躯干伸直，呈向右侧躺状，头骨略微朝下，面部靠在男性个体的肩部。左臂在肩部轻微弯曲，前臂在肘关节处弯曲，手放在男性骨骼的腹部区域，手掌朝下；肘关节脱臼并移位，位于男性个体的右前臂下方。指环位于左手第四指的近节指骨上。右臂因叠压在下层而尚未清理出土。整体呈现出较为自然、舒适向右侧躺于男性怀抱中的姿势，枕在其肩部，手扶其腹部，左腿向右侧弯曲。

生死相依的文化

我国古代的诗歌、民间传说等艺术和文学作品中饱含了对爱情的描写，如中国最早的诗歌总集《诗经》中就有大量有关爱情的诗歌。人们对浪漫爱情的追求对中国古代的家庭、文化、经济、社会各方面均带来了深远的影响。魏晋南北朝时期是一个文化、社会和政治剧烈变化的时期，儒家思想经历了汉朝的独尊繁荣后，面临着其他思想流派的冲击与融合。曾经强调政治教化的诗歌与文学作品，逐渐摆脱经学的束缚，转而抒发个人的生活体验和情感。在政权分立与民族交融的时代背景下，人生的短促、生命的脆弱、命运的难卜、祸福的无常被写进各类文学作品。其中，不乏对今生爱情的追求和对来世永恒的渴望——如祖冲之笔下的"吴都海盐有陆东美，妻朱氏，……夫妇云皆比翼……妻死，东美不食求死，家人哀之，乃合葬"（《述异记·比肩人》）；家喻户晓的爱情绝唱《梁山伯与祝英台》，讲述了晋朝"义妇祝英台与梁山伯同冢"的凄美故事；晋代干宝《搜神记》中"相抱而死"的"蒙双氏"。

在其他文化中，同样发现有反映人们对"爱有来世"追求和渴望的合葬墓。例如，在乌克兰西部佩特里基夫村（Petrykiv）附近，发现一座史前维索茨卡娅（Vysotskaya）/威索科（Wysocko）文化的合葬墓，男女墓主人以紧紧相拥的姿势埋葬。考古学者彼得洛维奇（Bandrovsky）认为女性墓主很可能是自愿陪葬，饮下毒药后躺在男子身边——该墓葬被认为象征着永恒的爱。新闻媒体报道的类似发现还有意大利公元前6000年的"瓦尔达洛（Valdaro）恋人"、希腊新石器时代遗址中的"阿勒珀特里帕（Alepotrypa）拥抱遗骸"、伊朗塔比哈桑鲁遗址中距今约2800年的"哈桑鲁（Hasanlu）恋人"、罗马尼亚15世纪的"克卢日-纳波卡（Cluj-Napoca）恋人"等。在彼时的生死观中，人们把对爱情永续的渴望表达得淋漓尽致——生命是短暂的，死亡是不可避免的，但爱是永恒的。尽管现在，我们认为殉情这类做法是对生命的不尊重，然而在特定的历史时空，民间传说中不乏恋人相约赴死、合葬的决心。

墓主人佩戴的指环

指环通常是"约于指间"——佩戴在手指上的。考古发掘出土的指环并不少见，在新石器时代就已有各种材质的指环，如仰韶文化的石指环、良渚文化的玉指环、马家窑文化和青莲岗文化的骨指环、大汶口文化的陶指环、齐家文化的铜指环等。在扎赉诺尔墓地、东大井墓地、三道湾墓地和善家堡墓地等鲜卑墓葬中，无论是单人墓还是双人合葬墓中均发现了指环，表明鲜卑人群应有佩戴指环的传统。

据考古研究，在多数情况下，指环的佩戴无性别限制，也没有左右手或佩戴数量的分别。在中国新疆地区的和静县察吾乎沟口墓地和民丰县北大沙漠中古遗址墓葬区中，就发现有佩戴在左、右手无名指上的指环，年代可追溯到东汉前后。这些佩戴习俗表明，指环的功用和象征意义在古代可能是多样化、区域性的。

据记载，北魏时期指环已开始具有和婚嫁相关的功用。《晋书·西戎传》载，大宛"其俗娶妇，先以同心指镮为聘"。这里的"同心"，取其谐音为"铜芯"，指的便是用指环作为结婚时的聘礼。《太平御览·外国杂俗》也记载："诸问妇许婚，下全同心指环，保同志不改。"《胡俗传》中亦有"始结婚姻，相然许，便下金同心指环"——指环成为嫁娶风俗的一部分。《后魏书》则记录了指环的另一层含义："咸阳王禧弟树……后奔梁，武帝尤器之。后复归魏，初辞梁，其爱妾玉儿以金指环与树，常着之，寄以还梁，表必还之意……""环"者，还也，含"期归之意"。

在M831中，女性墓主无名指上戴有指环，与男性墓主紧紧相拥，此类葬式罕见。除指环外，该墓葬的随葬品几乎不见其他珍贵遗物。在这种情况下，女性佩戴的指环应不是财富或社会地位的象征，很可能被赋予了婚姻和爱情的含义。

死生契阔，爱与永恒

从M831的埋葬方式和骨骼遗存的位置来看，该墓属于一次葬，即他们在死后被同时埋葬，没有二次埋葬或者被扰乱的迹象。那么，他们是同时死亡的吗？死因是什么呢？

关于死亡原因，推测有如下可能性：（1）这对夫妻同时死于外界的冲突（如人际纷争）或意外事件，但在已经清理出土的骨骼上没有发现创伤痕迹，暂排除死于外伤的可能性；（2）这对夫妻同时死于疾病或中毒，但这种可能性尚无法从骨骼中得到证实；（3）丈夫先去世，妻子为了追随他自缢同葬；（4）妻子先去世，丈夫选择追随而殉情同葬。

根据骨骼的健康情况看，这名男性手臂上未愈合的骨折痕迹、手指缺失的创伤迹象、较厚骨赘表露出的关节炎病症，都反映出其身体状况可能欠佳。女性除了轻微的口腔病理现象，显示出较健康的身体状态。由此学者认为妻子牺牲自己、选择和死去的丈夫一起合葬的可能性较高，但也不能排除其他的可能性。

M831男女合葬墓的拥抱葬式在我国墓葬考古中较为罕见，女性个体还佩戴指环，这不仅反映了两位墓主人之间的夫妻关系，更是他们爱情的体现。生时相伴是幸福的，死亡相隔是痛苦的，但倘若"死亡亦不能分开我们"，那么M831合葬墓所表达的就是在生死阻隔下，爱亦能永恒的情感追求。这种拥抱葬式的合葬墓，既饱含夫妻之间的情感，也可能蕴含着他们所归属的族群间浓厚的感情和对他们的认可和支持——在北魏时期，将父母的遗骸合葬也是一种孝义的体现，这不仅是个人层面，也是一种集体层面的情感表达。

在北魏时期民族融合、文化交流的历史背景下，鲜卑人群将他们佩戴指环的文化习俗带来平城地区。M831墓葬的夫妇拥抱葬式和墓主人佩戴的指环，是当时人们婚姻观念、爱情观念的一处缩影，体现了当时人们对爱情、生死和永恒等观念的思想变化与追求。

黑暗中的怨灵
林道沼泽木乃伊

传奇问世

林道沼泽（Lindow Moss）位于英格兰西北部，随着末次冰期的结束形成，自中世纪以来就一直被用作政府的公共用地，因富含煤炭闻名。1983年5月13日，煤炭工人安迪·莫尔德（Andy Mould）与埃迪·斯莱克（Eddie Slack）像往常一样在林道沼泽开采煤矿，他们把沉重的大块煤炭搬上运煤的电梯运出沼泽。突然，安迪在电梯上发现一个棕色的扁平物体，似乎还有皮质的光泽，他感到奇怪，便把它拿下来仔细打量。起初，他以为这只是一个破旧足球，工友们还开玩笑说这是一颗恐龙蛋，随着慢慢清洗，一个人的眼球和头

林道沼泽
图片引自 https://www.wilmslowtowncouncil.gov.uk/lindow-moss

林道人的上半身

图片引自 https://www.britishmuseum.org/collection/object/H_1984-1002-1

发慢慢呈现出来，这原来是个人头！

随后法医鉴定这个头颅属于一名欧洲女性，年龄在30—50岁。警察最初以为这个头颅属于一名叫玛丽卡·雷恩-巴特（Malika Reyn-Bardt）的受害者，她在1960年失踪，案件尚在调查之中。她的丈夫彼得·雷恩-巴特（Peter Reyn-Bardt）当时因为别的案件正在狱中服刑，在狱中自诩曾杀死妻子并把她埋在自家后花园中。他的房子正好处于沼泽地的边缘，但警察搜遍后花园却没有找到他妻子的尸体。经过放射性碳-14测年，研究人员发现头颅的年代距今约2000年，并不属于玛丽卡·雷恩-巴特，这震惊了所有人，然而彼得·雷恩-巴特依旧因为自己的供词而被定罪。

故事并没有就此结束。1984年8月1日，安迪·莫尔德和埃迪·斯莱克在往电梯上运煤的时候发现了一块类似木头的物体。安迪把它扔给埃迪的时候不小心掉在了地上，他们惊奇地发现这是一个人的腿。随后考古学家来到沼泽，他们发现了这个木乃伊的上半身。研究人员认为这具木乃伊大约距今2000年，是一名25岁左右的男性。这项发现震惊了整个英国考古学界，甚至被评为20

林道人的右腿
图片引自 https://en.m.wikipedia.org/wiki/Lindow_Man#cite_ref-33

世纪80年代英国考古重大发现之一。考古学家按发现顺序把这具男性木乃伊正式命名为林道二世（Lindow Ⅱ），也就是本文的主角——大名鼎鼎的林道人（Lindow Man）。而此前一年所发现的女性个体林道一世（Lindow Ⅰ）与随后工人们在1987年发现的没有头颅的沼泽木乃伊林道三世（Lindow Ⅲ）实际上是同一个人。

完好保存的秘密

我们知道，人死后身体会腐烂，一些细菌和真菌会食用人体的组织器官，这些人体组织会慢慢随时间流逝而消失，最后只剩下骨骼。但是这些沼泽木乃伊保存得非常完好，我们可以清晰地看到他们的皮肤和眼睛，甚至胃和肺等内脏也能完整保存，有些木乃伊甚至看上去像刚去世一般，这究竟是什么原因导致的呢？

泥炭沼泽形成过程非常缓慢，最初都是由池塘或湖演变而来的，湖表面大多生长着泥炭藓，这种藓类有很强的吸水性，并且大量繁殖，死去的泥炭藓叠压在湖底经过几千年最终形成3—12米厚的煤炭层。泥炭沼泽表面的低温水环

沼泽中的藓群可以抑制微生物的生长
图片引自 https://699pic.com/tupian-300686262.html

境是形成木乃伊的重要因素，沼泽中水的温度接近于0℃，这种低温的水环境可以有效抑制细菌等微生物的生长，人刚死去时尸体在还没有受到细菌的侵蚀前便被湖底的煤炭层慢慢包裹起来，形成一个较为密闭的低温空间，这有利于尸体的长时间保存。

  还有科学家认为，沼泽中大量的藻群也起到不可缺少的作用。藻群在死亡时会释放一种化学物质，这种化学物质通过各种各样的途径抑制微生物的生长。比如，这种化学物质可以减少水中氮气的含量，而微生物的生长恰恰需要这种气体。我们知道这些沼泽木乃伊被发现时保存情况并不完全相同，有些木乃伊的身体已经腐烂，而有的却保存完好。腐烂的木乃伊可能并没有完全浸入沼泽的湖水之中，暴露在空气中的身体便被微生物所侵蚀。不只藻群抑制微生物生长，由于鞣酸与腐植酸的脱钙与防腐作用，包裹在藻群中的尸体停止腐败，肌肉和其他组织中的蛋白逐渐溶解，骨骼脱钙软化，皮肤呈

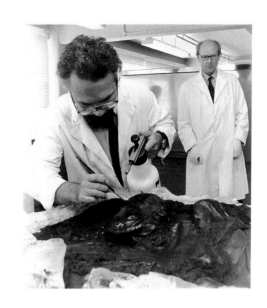

研究人员正在清理林道人
图片引自 https://www.britishmuseum.org/collection/object/H_1984-1002-1

致密的皮革化（即鞣化过程）形态，这种鞣化的尸体在承受炭层挤压时更容易保存完整。正是由于林道沼泽这种得天独厚酸性无氧的埋藏环境，这里的木乃伊历经两千多年依然能呈现在我们面前。

现代研究

林道人的发现，在英国考古学界引起了很大反响，作为英国最古老的沼泽木乃伊，从被发现的那刻起，研究者便不断采用各种先进的方法技术，探寻林道人身上更多的秘密。

初步的体质人类学研究得知林道人的身高在1.68—1.83米，体重约60公斤，死亡年龄在25岁左右。为断定林道人的生活年代，研究人员将林道人的碳-14样本送到了三个不同的实验室进行测年，得到了三个不同的结果，分别约为距今1500年、距今2000年和距今2400年；之后又进行的测年结论断定为公元前2—公元119年，大体处于英国的铁器时代。

研究人员通过X光技术对林道人的牙齿进行扫描，从而避免了打开他的

黑暗中的怨灵

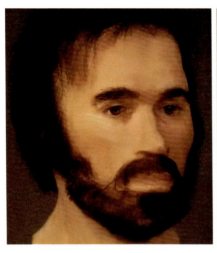

林道人复原像
图片引自国家地理 https://www.nationalgeographic.com/magazine/

林道人头顶的伤口
图片引自 https://en.m.wikipedia.org/wiki/Lindow_Man#cite_ref-33

嘴来研究牙齿。研究结果表明，林道人拥有一副完整的齿列，并且牙齿没有填充物。

通过仔细研究林道人消化道中的残留物，研究者们还原了林道人最后的晚餐——大部分是谷物，有一些烤焦的面包。在他的胃中还发现了一些槲寄生花粉，表明林道人的死亡时间大体是在三四月份的春天。

由于埋藏时间长达两千多年，林道人的头面部已经被泥炭沼泽挤压变形，头发和皮肤的颜色也被泥炭染色，我们很难想象他生前的样貌。1985年，曼彻斯特大学的古代人像复原专家理查德·尼夫（Richard Neave）重建了林道人的容貌。尼夫使用X光从不同的角度扫描了林道人颅骨的原始大小及形状，运用所有可用的证据，重建林道人的颅骨模型，运用解剖学知识重建林道人头部的肌肉组织，通过仔细研究林道人皮肤和头发的微小细节，成功地复原了他的面貌。我们发现林道人具有非常突出的眉弓，下巴低于平均水平。他的鼻子非常直，鼻孔非常大，耳朵特别小，没有耳垂，头发和眼睛的颜色不得而知。

死亡谜团

林道人的死亡原因,至今还是一个谜,两千年前,他是怎样来到这片荒凉的沼泽,到底什么事情夺走了这个年轻男人的生命?法医人类学家试图从各种细节来还原事件真相,推测林道人的死亡原因。

法医人类学家在林道人的头部和脖子上发现了许多伤口,一系列的证据表明他可能死于谋杀。他的颅顶有两处明显钝器伤,推测有人使用不锋利的斧头至少击打了他的头两次;后背也发现了一处明显的击打伤痕,断了几根肋骨;脖子上紧紧地缠绕着一圈绳子,直接将他的气管勒住并且勒断了两节颈椎。最后,研究人员在他的脖子上发现了一处砍得很深的伤口,他的喉咙被切断,并且有证据表明这处很深的刀伤是在他死后造成的,目的很有可能是给死后的林道人放血。

究竟是谁这么残忍,杀害了这名年轻的男子并且抛尸在沼泽之中?学者们通过仔细研究发现了一些端倪。

研究人员惊奇地发现林道人留有络腮胡,目前为止在其他男性沼泽木乃伊中从未发现过络腮胡,这在当时林道人所生活的年代也并不常见。并且林道人的头发和胡须在死前两三天用剪刀整齐地修剪过。历史学家和考古学家都表示,剪刀在当时的英格兰非常罕见,只有享有特权的人才可能拥有,这名被谋

林道人的死亡猜测
图片引自 https://lindowmanchester.wordpress.com/2009/03/24/graphic-killing-of-lindow-man/

黑暗中的怨灵

杀的年轻人难道是一位重要人物？除此以外，林道人的指甲也修剪得十分整齐，身体也非常健康，没有发现从事过体力劳动的迹象，说明他可能是被豁免从事体力劳作的人。

通过种种疑点，考古学家们推测林道人很有可能是当时被选作宗教祭祀的牺牲品，然而这仅仅只是一种猜测，关于林道人还有许许多多的谜团亟待解决。虽然在此之前英国也发现了若干沼泽木乃伊，但是从未进行过系统综合研究。从林道人的发现开始，考古学家把在英国发现的沼泽木乃伊与欧洲其他著名的沼泽木乃伊联系起来进行对比。因此我们可以这样说，林道人的发现，揭开了英国沼泽木乃伊研究的新篇章。

（作者：孙志超　张群）

第四部分

见微知著

穿越时空
与良渚匠人"不期而遇"

神秘的良渚古国

2019年7月6日,位于中国浙江的良渚古城遗址获得联合国教科文组织世界遗产中心认定,被正式列入世界文化遗产名录。这座距今5000年的神秘古国,拥有科学规划的古城格局、浩大的水利系统、大型的土筑工程以及高规格的贵族墓葬,充分彰显了良渚文化璀璨的史前文明。密集的聚落与分布规律的墓葬,都显示了良渚个体家庭崛起与阶层分化的社会结构。在高等级贵族墓葬中,玉琮、玉璧及玉钺等礼器组合是地位、军权与神权的象征,其独特的形态、精妙的工艺与高超的审美艺术体现了良渚文化巧夺天工的工艺水平。

良渚时期的长江三角洲,气候温暖,雨量充沛,良渚先民们利用得天独厚的自然资源,在这片沃土上种植水稻,驯养家畜,渔猎采集,富足的生活条件使手工业逐渐独立出来,一批智慧与勤劳并存的良渚匠人应运而生。匠人们在

良渚国家考古遗址公园
图片引自https://www.lzsite.cn/Newshow.aspx? artid=3532&classid=23

这片土地上搭建房屋，兴修水利，酿酒纺织，烧陶治玉，用自己勤劳的双手在这样一幅美丽的画卷中一笔一画写就无数动人的故事。

遇见良渚匠人

2018年，一枚发现于良渚古城遗址中的人类颅骨成为研究者们探寻神秘古国背后的良渚匠人的关键线索。这枚颅骨编号为1703-24，除下颌骨缺失外，大部分部位均能识别。根据体质人类学家的鉴定，这枚颅骨属于一名20—25岁的男性。颅骨呈卵圆形，额结节稍显，顶结节显著，眉弓发育较弱，眶上缘较钝厚，眼眶为方形，鼻骨低矮，下缘较锐，犬齿窝发育较弱。整体来

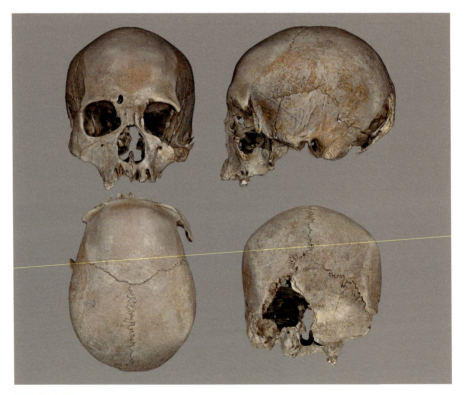

颅骨 1703-24

看，上面部较扁平，中面部也较小，上颌骨下缘到颧骨的过渡不是弧形，可能为弱小面部的增强结构。下颌髁突前后窄，尺寸比正常情况小，外侧部位比内侧部位宽，前部轮廓呈凹形，这可能是先天性下颌髁突发育不足或是继发性损伤引起的髁突吸收，这也直接导致了下颌关节窝的非正常形态。

值得注意的是，研究者观察到这名男性个体的左侧门齿生前缺失且齿槽吸收，虽未有牙齿保留下来，但残存的上颌齿槽突唇面明显凹陷，未见其他牙病现象，疑为生前人工拔牙导致。结合考古学背景，不难发现其中的原因。在新石器时代太湖地区存在着普遍的拔牙现象，这与当时的盛行风俗、思想观念和宗教信仰有关。在良渚文化时期，同齿成对拔除成为主流，有的学者认为，这可能是一种特殊的"成年礼"。

科技与艺术相彰的人像复原技术

人像复原是指以人体骨骼特征为依据，结合所属的人种软组织数据库来进行的外貌复原技术。人类学家通过对不同人群的软组织特征进行统计，建立了庞大的数据库，涵盖了不同人群、不同年龄和不同性别的人类软组织数据，成为实现人像复原的有力依据。随着科学技术的发展，三维扫描技术可以实现颅骨遗存的数字化，人类学家在计算机上就可以实现所有的人像复原工作，大大提高了工作效率和准确性。吉林大学生物考古学研究团队使用最新的计算机辅助曼彻斯特复原法再现了这名良渚先民的容貌。

然而，这名良渚匠人的复原面临着一个很大的难题：颅骨保存并不完整，意味着部分原始数据的缺失，因此颅骨的复原成为人像复原的先决条件。研究者采用了三维信息数据采集和计算机三维模型虚拟复原的方法，来计算残损部分的参数，并推算残损部分的形态。

据颅骨的保存现状，缺失的主要部位为右侧颞骨、枕骨、蝶骨和下颌骨，根据各部位的保存特点不同，复原方法也有所差别。研究者使用镜像复原法重塑了右侧颞骨，然后根据右侧上颌骨颧突与颞骨颧突的趋势补全了颧弓缺失的部分。颅底部分主要由蝶骨体和枕骨基底部构成，根据现存枕骨残存部分的形

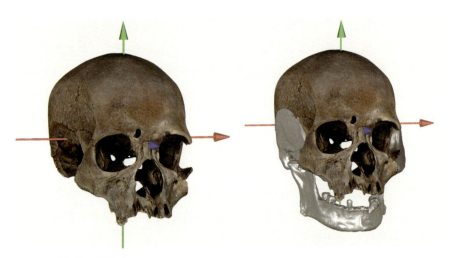

复原前后的颅骨三维模型

态走向趋势，使用镜像复原法复原出了枕骨基底部分。由于下颌骨完全缺失，只能根据颅骨的特征，尤其是上颌骨的参数以及颞下颌关节的形态来重塑下颌骨。根据大连大学附属口腔医院王明峰等人对颅骨与下颌骨的相关性的研究结果，下颌骨和颅骨的线性测量值之间存在着相关性，如下颌平面角与下颌髁突之间的距离、后面高相关，下面高和全面高与前颅底长度呈正相关，后面高与上下颌的前后位置关系相关等。参考王明峰的理论，研究者根据已知的相关性数据和颅骨参数推算出了未知的下颌骨参数与颅底参数。有了这些参数，研究者进一步在人类骨骼数据库中选出了最接近该数据组合的下颌骨，并应用到三维模型处理软件中，将良渚下颌骨与数据库中相似的下颌骨进行拼合和修整，最终复原出了完整的良渚颅骨模型。

人像复原首先基于充分的生物特征观察，除了前文提到的颅骨所呈现的基本体质特征，还要充分考虑这个个体的营养健康状况。研究表明，该个体颅骨的左右侧眼眶上顶板均存在眶顶筛孔样变（Cribra Orbitalia），可能为营养性缺铁性贫血所导致。在良渚时期的长江三角洲，气候温暖湿润，农业繁荣发展，水稻的种植技术日渐成熟。然而，精耕细作的农业经济也使良渚人的饮食习惯变得单一。人类所需的非血红素铁来自谷类，但不易被肠道吸收，较易吸收的是来自肉类的血红素铁。在良渚先民的食物结构中，谷类占据重要地位，而他们经常食用的鱼类含铁量也很低，这种"饭稻羹鱼"的食谱结构使他们很容易产生营养不良，导致营养性缺铁性贫血的症状。儿童时期的长期贫血，会在顶骨、枕骨和眶顶部骨组织上留下病变的痕迹，该个体的眶顶筛孔样变就是贫血的症状之一。

同时，左侧颞下颌关节的形态异常还影响了他的咀嚼功能，比如嘴的张度比正常人小，咬力比正常人弱，这会进一步导致营养不良。该个体上颌骨较短，骨量低于正常水平。两侧颧骨左右并不对称，右侧较左侧粗壮，说明左侧颞下颌关节存在异常，导致脸部左右不对称，下巴偏向左侧。

不同于法医对嫌疑人或遇难者的人像复原，在对古人做人像复原时，不仅要充分考虑其生物特征，该人物所处的文化背景也是复原过程中非常重要的参考因素。根据这枚颅骨的考古学背景，该男性并非当时的贵族，而是一名普通的平民。这名先民极有可能就是璀璨的良渚文化中一名普通的劳工或匠人，他没有精致的发型和衣着装饰，面部还因长期较差的营养状况显得有些瘦削和凹陷。但他并不孱弱，该个体所代表的良渚先民，可能没有健壮的臂膀，但拥有灵巧的双手和令人惊叹的毅力和智慧。从他们手中诞生的磨光黑皮陶陶器、精美的玉器都代表了五千年前世界最领先的水平。这名面部瘦削、穿着朴素、目光坚毅、精神焕发的良渚先民的面貌终于跨越了五千年的时空，呈现在我们的面前。

灿烂的良渚文化与工匠精神

无论是通体磨光的石制工具、用快轮制陶术生产的磨光黑皮陶，还是精美的玉器和纺织品、草包泥堆筑的建筑工艺，这些高难度的工艺和制品充分彰显了良渚匠人高超的技术水平和独特的艺术造诣。良渚玉器不仅精美绝伦，而且在纹饰与器型上高度统一，只有独立的手工业系统、长时间的发展与传承才能达到这样的水准。在良渚文化中，玉器不仅象征地位，还是宗教信仰的载体，寄托了良渚人对天地的敬畏与崇拜，承载着人们对自然的美好愿望和诉求。这

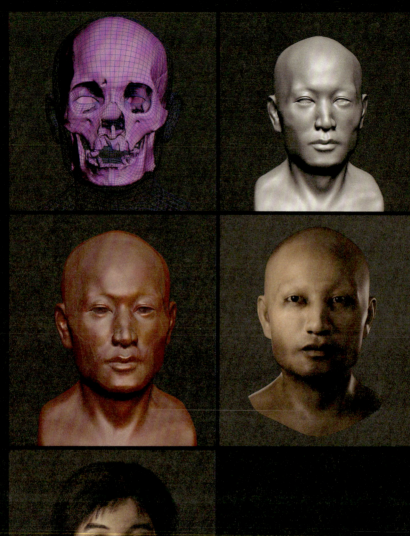

良渚匠人头像复原

也对良渚的匠人如何把文化转达在日常起居、祭祀丧葬所使用的礼器当中提出更高的要求。匠人们不仅要掌握扎实的工艺，还要对当时整个社会的信仰、理念都有所领悟。因此，一名普通的良渚匠人，他的手工业技能不只是他自己的高深造诣，还代表了整个社会甚至整个"国家"智慧的结晶，是良渚人一代一代的创新和总结、要求和规范。

同时，这也从侧面体现出了良渚匠人的付出与辛劳。据良渚文化遗址出土人骨的统计结果，良渚男性居民在壮年期的死亡率较青年期呈现飞速上升的状态，这意味着辛苦劳作为他们的健康状况埋下了深深的隐患。反山12号墓发现了一件"琮王"，宽17.6厘米，孔径为5—3.8厘米，重达6500克，如此大型的玉器，必然耗费更多的时间和人力。良渚玉器上的纹饰更是精雕细琢，出土于苏州吴中张陵山良渚文化遗址的一件瑗式璧，其阴线琢刻的兽面纹，最细的线条仅宽0.07毫米。即使制作一件普通的玉璧，开料、切割、钻孔、雕刻、磨光，在没有现代机械化机器的新石器时代，每一个步骤都极耗心血。因此，良渚的匠人们极有可能透支着自己的健康，耗尽精力，代代传承，才创造了举世瞩目的玉器文化，开创了中华民族崇玉的传统。

"工人莫献天机巧，此器能输郡国材"，辉煌灿烂的良渚文化，已然开始跨越文明的门槛，巧夺天工的手工业产品，至今惊艳四方。良渚文化的工匠精神，更是绵延千年，深深地渗入中华民族的血脉当中。匠心筑梦，不忘初心，始终是我们所追逐的精神境界。

（作者：杨诗雨）

食物的"言外之意"
稳定同位素反映的古代社会等级

重"食"的传统

饮食是人类生存、文化发展的基石,更是文化独特性的组成部分。人们对食物的重视为饮食赋予了饱腹之外的丰富含义,在中国的周代尤其如是。

文献中记载有关周人格外重视饮食的内容有很多。《周礼·天官冢宰》记载,在帝王的宫殿中负责饮食的官员包括膳夫、庖人、内饔、外饔、亨人、甸师、酒正等,分管周王及世子一级的日常饮食和祭祀宴饮。有学者统计这些官员达2200人之多,足见饮食在当时是非常严肃的事务之一。《仪礼》中充满了有关食物与祭祀密不可分的记录,以及重要场合中对饮食行为的严格规范。《礼记》中也记载了大量有关何种场合对应何种饮食,以及餐桌礼仪和食谱。固然"三礼"多半完成于汉代,但由于礼仪变化缓慢,书中显示的食物和饮食的重要性也适用于周代。从丰富的饮食器种类到不同的使用制度,都体现了人们对饮食的重视。

这种重视不仅体现在态度的严肃性上,还体现在与饮食有关的等级差异上。饮食器有铜器和陶器之分,对使用者的身份有着严格的要求。文献中也时常见到贵族和庶民在日常生活及祭祀活动时,可支配的食物在种类和数量等方面的悬殊。这些都体现出周人在饮食上花费了大量的时间精力,制定了严格的规矩。

然而,我们无法得知当时的人是否严格遵守这些有关饮食的礼仪和等级规矩,也不知道这些内容实际上是只面向贵族和上层阶级,还是在全社会上下通行。严格地讲,这些问题很难仅通过史料或者出土器物得出较为客观的结论,还需要结合科技考古的手段,分析遗址中出土的动植物遗存、劳动工具或者残留物。目前，复原古代人类和动物食谱最为有效的手段之一是骨骼的碳氮稳定同位素分析。

人如其食

同位素可以分为两种基本类型，即稳定同位素和放射性同位素。碳有3个同位素，被用来测年的放射性碳-14（^{14}C）是人们较为熟知的一种。另外两种稳定同位素是^{12}C和^{13}C，它们的比值可用来复原古代人类的食物结构。不同种类的植物光合作用的途径存在差异，根据这些差异，它们被分为C_3植物、C_4植物和CAM（Crassulacean Acid Metabolism）植物。考古研究中常见的C_3类农作物主要包括水稻、大麦、小麦等，C_4类农作物主要包括粟、黍、玉米、高粱等。当动物和人食用不同食物时，体内的稳定碳同位素比值会随之变化。通过检测动物和人体组织中的稳定碳同位素组成，可以判断他们的食物种类是C_3还是C_4。

氮有两个稳定同位素，^{14}N和^{15}N，它们的比值可用来区分豆科植物和其他植物，还能够识别哪些生物体摄入了更丰富的动物类食物，判断他们在食物链中的位置。由于水生鱼类的氮同位素比值较高，考古学家可以借此区分农业人群和渔猎人群。但也需要注意，影响氮同位素结果的因素相对较多，例如干旱、施肥、哺乳等，因此在分析氮同位素数值时需要结合更多证据，才能得到更科学的结论。

这就是"人如其食"（you are what you eat）的意义，即生物体内的化学成分与其食物紧密相关。骨化学的研究为我们了解古代人群的日常生活提供了新的视角。

横水墓地

2004年4月，山西省运城绛县横水西周墓地被盗。同年底，山西省考古研究所（现山西省考古研究院）对横水墓地进行了抢救性发掘。值得庆幸的是，

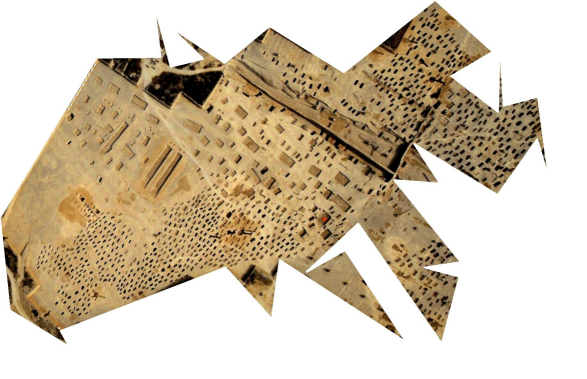

横水墓地发掘区域鸟瞰

图片引自山西省考古研究所、运城市文物工作站、绛县文物局联合考古队、山西大学北方考古研究中心、中国人民大学出土文献与中国古代文明研究协同创新中心《山西绛县横水西周墓地M2158发掘简报》,《考古》,2019(1):15-59、2页,图二

虽经盗掘,但横水墓地的千余座墓葬和30余座车马坑大多保存完好。大、中、小规模的墓葬皆有且等级分明,时代从西周早期一直延续到春秋初年,保留下来的信息十分丰富。

横水墓地出土了大量铜、陶、玉、漆器和原始瓷器等珍贵的随葬品。考古工作者在1号大墓(M1)中发现了一种名为"荒帷"的织物,是目前我国保存最好且面积最大的西周时期棺罩。考古工作者对"荒帷"印痕和土样进行了多种科技分析,发现它原本的纺织材料是蚕丝,所用红色颜料为朱砂,黄色颜料为黄赭石,制作精美,不属于普通人的葬制。这些发现暗示了横水墓地可能级别较高。

失落的倗国

进一步的发掘揭露出1、2号大墓的"甲"字形结构,显示这两座墓属于国君级别。最初考古工作者并不能分辨这处距离晋国国都仅十余公里的大型墓地埋葬的究竟是哪些人。这是因为晋国的诸侯大墓和贵族邦墓早已被探明,在从西周到春秋的清晰脉络中并没有横水墓地的位置。

2号大墓出土的随葬铜鼎铭文引起考古工作者的注意,铭文显示,"唯五月初吉倗伯肇乍(作)宝鼎其用享……其万年永用";另一件青铜甗上的铭文显示"倗伯乍(作)宝□其万年永用",再加上另一件青铜鼎和盘,都是"倗伯"为自己作器。1号大墓出土随葬铜器铭文中的"倗伯乍(作)毕姬宝旅鼎(盘、簋、甗)"则是"倗伯"为夫人毕姬作器。由是,2号大墓和1号大墓被考古工作者确认为倗伯和倗伯夫人毕姬墓,横水墓地被确认为西周时期倗国国君、夫人及其国人的墓地。

然而,倗国不见于史籍。如果没有横水墓地的发掘,我们可能永远无法得知西周时期的晋南地区存在着这样一处邦国。墓地的诸多重大考古发现使考古学家对它背后的倗国充满兴趣。

倗国社会

横水墓地的墓葬等级不一,大、中、小型墓皆有,随葬品种类和丰简也有着严格的等级差异,反映出倗国社会具有高度分化的社会阶级。人们处于当地最高统治者"倗伯"治下。等级较高的贵族和其他社会地位较高的人拥有大量随葬品,有些还拥有殉人和殉狗。庶人墓则随葬品较少,也罕见殉葬现象。

出土人骨的体质人类学研究表明,横水墓地的大量人骨保存较好,且大部分个体可鉴定性别和年龄。古人口学研究告诉我们,倗国长期维持着稳定的男女性别比例,说明少有外来人群入侵或社会动荡,反映出倗国社会在西周时期整体较为安定。横水墓地丰富的骨骼材料极为难得,是我们探讨西周时期人们食物结构、饮食与等级的关系、古代社会阶层分化程度等问题的绝佳窗口。

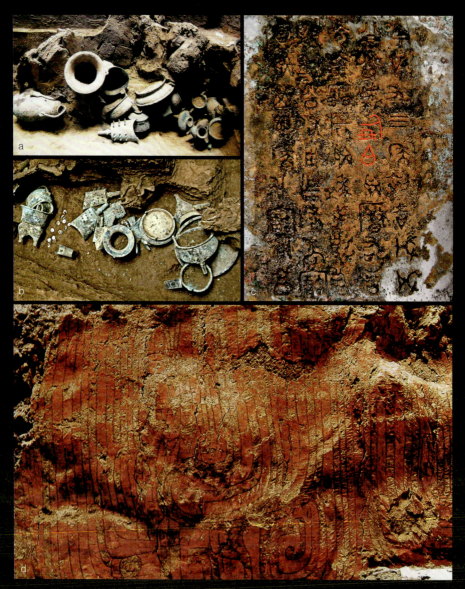

横水墓地部分出土器物

a M1青铜器组合；b M2青铜器组合；c 铜簋M1∶205铭文，红色字为"倗伯"；d M1荒帷痕迹

图片引自山西省考古研究所、运城市文物工作站、绛县文化局《山西绛县横水西周墓发掘简报》，《文物》，2006（8）：4-18、97、1页，图一零、图一四、图二八；山西省考古研究所、运城市文物工作站、绛县文化局《山西绛县横水西周墓地》，《考古》，2006（7）：16-21、101-102页，图版六

M2 棺外殉人

图片引自山西省考古研究所、运城市文物工作站、绛县文化局《山西绛县横水西周墓发掘简报》,《文物》, 2006（8）: 4-18、97、1页, 图二七

食物差异

碳氮稳定同位素的结果显示, 墓葬中的人生前的饮食结构有着很大差别。生活在倗国的大多数人食物结构简单, 日常以粟、黍等谷物为主食, 摄入的肉类不多。

粟和黍, 也就是小米和黄米, 是古代中国北方最为常见的农作物。根据考古资料, 山西在新石器时代就已经出现了粟作农业。文献记载, 周人的一餐一般包括谷类食物（主要是粟）、肉菜菜肴和水酒, 最低等的也要包括一些谷类食物和水。《礼记·内则》中提到"羹食, 自诸侯以下至于庶人无等", 意思是说羹（肉汤）和饭是食中之主, 上自诸侯下至庶人都可食用。这说明和谷物一样, 少量的肉食也是当时人们饮食中的常见内容, "羹"可能的确是上下都可以享用的, 与同位素结果相合。

有趣的是, 稳定同位素证据显示倗国的另一些人显然吃得更好一些。他们在寻常的谷物之外, 还能吃到稀有的水稻、其他蔬果, 家畜和野味也是他们常

食物的"言外之意"　　151

可享用的佳肴。这些吃得更好的人具备什么样的特征呢？为了解答这个问题，我们对该墓地不同阶层的个体样本进行了进一步的稳定同位素分析。

男尊女卑？

男尊女卑是古代中国常见的一种社会现象，横水墓地的考古学发现显示倗国社会也存在这种情况。例如，车马坑专为男性墓葬而设，女性墓葬没有单独的车马坑。对该墓地人骨进行的铅含量分析显示，铅含量的多少与等级相关，墓主的社会等级越高，生前就会越频繁地使用青铜器，一般情况下墓主骨骼的铅含量要比同墓的殉人或殉狗高出一倍至十几倍，但是女性墓主的铅含量却与其殉人差不多。另外，倗国人群的葬式也有性别差异。男性多为俯身直肢和仰身直肢，女性多为仰身直肢，这说明俯身直肢葬可能是男性专有。这一点虽然不能直接反映出男女地位的高下，但从侧面反映了生活在倗国的男性和女性在很多方面都存在不同待遇。

然而，男性和女性的碳氮稳定同位素结果并没有明显的差异。也就是说，虽然该墓地的诸多考古发现都显示倗国存在男性地位更高的现象，但这一特征并未体现在人们的日常饮食中，或者说没有在同位素层面表现出来。可以认为，倗国人食物结构的差异受男尊女卑观念的影响较小。

长者为尊？

《礼记·乡饮酒义》篇提到，"六十者三豆，七十者四豆，八十者五豆，九十者六豆"，是说周代的日常饮食中肉菜的数目与年龄有关，60岁以上长者食物中的肉菜有显著增加。用于同位素分析的横水墓地人骨未见60岁以上者，无法验证这种习俗，但倗国人的饮食差异是否与年龄有关是值得讨论的。

我们将横水墓地的人群按照婴儿期（0—2岁）、幼儿期（3—6岁）、少年期（7—14岁）、青年期（15—23岁）、壮年期（24—35岁）和中年期（36—55岁）进行划分，并对比他们的碳氮稳定同位素结果，发现在目前涉及的不同年龄段中，人们的日常饮食没有明显区别，说明年龄也不是影响倗国人食物结构差异的主要原因。

社会阶层

在讲完了性别、年龄的因素之后，我们把目光聚焦在社会阶层上。

同位素对比结果显示，包括几代倗伯在内的贵族阶层与庶人阶层之间存在着明显的食性差异。最大的区别是贵族日常餐食中的肉食比例多于庶人。此外高等级的贵族还能吃到当时较为稀有的水稻。显然，在西周时期的倗国社会中，除了权力和财富，食用更好的食物也往往成为高等级阶层的特权。

横水墓地存在贵族墓中殉人的现象。从埋葬情况看，墓主与殉人之间在各个方面都有着明显的待遇差距。墓主骨骼中的铅含量比殉人高出一倍至十几倍，说明墓主有更多的机会接触铅源，这与青铜器的使用有严格等级划分的礼制有关。碳氮稳定同位素结果显示，墓主普遍比殉人吃掉更多的动物食品，说明殉人群体的日常饮食整体上次于墓主。

在此基础上我们注意到一个有意思的现象，一些殉人似乎比他们的其他殉人同伴拥有更高的埋葬待遇。例如有些殉人有单独的棺椁或被包裹着草席下葬。这不禁令人思考，殉人内部是否也划分等级，他们的日常饮食是否受到影响，为了解释这一疑惑，我们对比了不同殉人的同位素结果。

殉人也有等级？

碳氮稳定同位素的对比结果很直观，倗伯墓殉人的饮食水平明显高于其他贵族的殉人，而且超过大多数庶人墓主。前者的饮食中可能包含了更多的肉类。有趣的是，两者之间虽然差别明显，但两个殉人群体的动物蛋白摄入水平又趋于内部统一。这暗示他们各自的饮食结构似乎已成定式，不同等级殉人的饮食特征与其所属墓主的等级存在着较为稳定的对应关系。不妨设想，当时的倗国如何保证不同饮食等级的殉人殉葬相应等级的墓主？由此我们尝试提出两

食物的"言外之意" 153

个假设和一个问题。

第一个假设是：横水墓地的殉人在生前也有等级之分，并且食物资源的分配是较为严格地按照等级来执行的。

问题是：殉人生前是什么身份？横水墓地没有出现过大的社会动荡或遭到外族入侵，因此推测殉人生前是战俘的可能性较低；殉人同位素结果与该墓地整体的数值和范围具有较大的一致性，因此殉人是本地人的可能性或许比较大，这一点有待将来进行锶等同位素的研究来检验。发掘者认为，殉人生前可能与所属墓主的关系较为亲密，男性可能是近侍，女性可能是媵妾。殉人有可能来自庶人，但从倗伯墓殉人的饮食水平甚至超过庶人这一情况看，至少殉人群体中，倗伯墓的殉人来自庶人的概率较小。

综上，我们可以尝试提出第二个假设：横水墓地的殉人，至少倗伯墓殉人的殉葬身份可能生来就已确定，或者这些殉人在生前就属于倗国社会中的一个单独阶层。这一假设已得到基因组学研究的进一步支持。在横水墓地，线粒体单倍群Q1a1a1a在墓主中占比最高而不见于殉人，暗示墓主和殉人在来源上有重大差别。

至此我们已对倗国的等级制度有了更深入的认识。墓主和殉人来源有明确的分异，而墓主群体内部，甚至殉人群体内部，都存在着进一步的等级分化。如此森严的等级制度不仅体现在墓葬礼制中，还藏在人们每一天的食物里，贯穿一生。

食物结构背后的森严等级

碳氮稳定同位素观察到的倗国人的饮食差异，反映出倗国社会执行森严的等级制度。优质饮食与权力、财富一样，均向高等级阶层聚集。相比倗国的庶人和多数殉人只能摄入粟、黍和少量的肉食，倗伯、贵族阶层以及高等级的殉人日常获得的食物更为丰富。他们除了粟、黍，还能吃到水稻，以及较多的家畜和部分野生动物。整个倗国社会从上至下严格执行着基于社会阶层不均衡的食物资源分配规则，而且在整个西周时期保持相对的稳定。

以往划分个体等级往往通过墓葬形制、是否殉人殉牲、随葬品种类和数量等指标,现在我们发现,碳氮稳定同位素结果揭示的食物结构差异,尤其是肉类的摄入水平,也能够在一定程度上反映古代社会的阶层分化。分析古代人群的食物结构差异,能够帮助我们更好地理解古代社会的等级分化现象。

(作者:孙语泽)

以"齿"为鉴
新疆吐鲁番古代先民的牙齿磨耗与饮食结构

以"齿"为鉴

人类的牙齿由牙釉质、牙本质、牙骨质和牙髓组成,是人体最坚硬的器官,也是考古遗址中最常见的人类骨骼遗存。目前中国考古发现最早的人类牙齿化石为距今约180万年的元谋人门齿化石,仍然保持着完整的形态特征。在历史时期的墓葬遗存中,尽管有的个体骨骼已破碎腐烂,但牙齿仍有可能完整地保留着。

人类的牙齿可以分为两类:乳齿和恒齿。人在幼年时期生长出20颗乳齿,在6—12岁逐渐脱落,被28—32颗恒齿所替代;恒齿的数量取决于4颗第三臼齿(即我们常说的智齿)是否萌出。据古人类学者研究,第三臼齿的退化是发生于全人类群体的共同特征。因此,第三臼齿会出现完全不发育、发育后不萌出、阻生齿或萌出异常、正常萌出等不同情况。

作为最重要的人体器官,任何一颗牙齿都是独一无二的,独特的功能和坚硬的结构包含了它从发育到脱落整个过程的生物学信息,因此牙齿也是骨骼考古学家最重要的研究对象之一。骨骼考古学家对牙齿的研究主要集中在三个方面:牙齿的发育、牙齿的磨耗以及牙齿的疾病。

牙齿在发育阶段往往会受到营养水平和健康状态的影响,营养不良、疾病或咬合压力太大均会在牙齿表面留下类似树木年轮状的累累条痕。对这些条痕的所在位置进行分析,可以推测个体遭遇疾病或压力的大致时间。

牙齿的磨耗是一个不可逆的过程,随着个体年龄的增长,磨耗也会不断加深。因此,一些研究者注意到了牙齿磨耗在辅助判定个体年龄上的重要价值,并提出了利用牙齿磨耗判定年龄的方法。然而值得注意的是,影响牙齿磨耗的

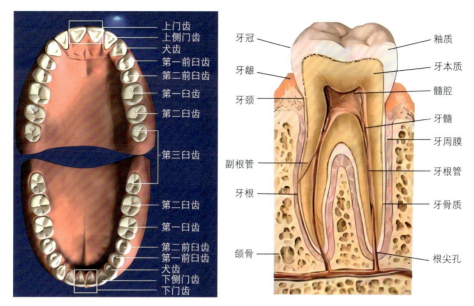

成年人上颌（左上）与下颌（左下）的牙齿构成。从近中侧往远中侧（即从靠近面部中线向远离面部中线），恒齿包括中门齿、侧门齿、犬齿、第一前臼齿、第二前臼齿、第一臼齿、第二臼齿和第三臼齿，每一类各有4颗。（右）牙齿最外层乳白色的部分叫作牙釉质，是牙齿最坚硬的部分，构成了牙齿的牙冠。牙骨质则是牙根表面的一层颜色淡黄的板状结构。牙釉质与牙骨质内部的淡黄色部分则是牙本质，它构成了牙齿的主体。牙本质的内部则是髓腔。牙冠与牙根的分界处则是牙颈

图片引自https://www.yadashi.com/Info/201011/9726.Shtml；https://www.photophoto.cn/sucai/33194347.html#btn-pic-down

手持式显微镜下的一例破损的右侧下颌犬齿。牙釉质上这些一道道的条痕是发育不全的典型特征，目前研究者一般认为这些条痕是人体在幼年时期经历疾病或压力产生的缺陷。这些条痕不仅布满整颗牙齿的牙釉质，在牙骨质部分也有出现

以"齿"为鉴

古代人的牙齿磨耗通常要比现代人更加严重，这是因为他们的食物总体上比我们现在吃的更坚硬，他们也缺乏牙齿保护和口腔疾病治疗方面的认知。上图展示的是一名女性加依先民的上下颌牙齿的磨耗情况。

上颌牙齿主要磨内侧，下颌牙齿主要磨外侧，这种现象非常常见，与"天包地"的咬合关系有关。值得注意的是，她的下颌左侧第二臼齿已完全脱落，这可能是一些早期牙齿疾病导致的结果

加依先民中，一名女性个体下颌右侧第二臼齿咬合面上有严重的龋齿。龋齿与农业起源等重大事件之间的关联，历来是考古学研究者关注的议题

因素并不仅仅是年龄，酸性物质的侵蚀、食物的质地、口腔的健康状况、上下颌的咬合关系、用牙习惯（如磨牙、叼烟斗）等也会影响牙齿磨耗的速率和形态。在考古学研究中，利用牙齿磨耗探讨古代人群的饮食结构、获取食物的方式和文化行为等，是复原古代人群生活方式的重要参考内容。

　　牙齿的疾病包含着有关古代先民生活的重要信息，也是骨骼考古学家重点关注的内容。以龋齿为例，研究者一般认为食物中碳水化合物的含量是影响古代人群龋齿出现率的关键因素，因此将之用作探讨古代先民饮食结构和获取食物方式的重要指标。

显微镜下的饮食证据

20世纪50年代以来,为了探讨哺乳动物臼齿咬合面上的微观磨耗痕迹与其下颌运动方式间的关联,欧美的牙齿研究专家开始关注显微镜下牙齿的磨耗形态。20世纪70年代,研究者开始注意到牙齿的微观磨耗痕迹在复原饮食结构方面的潜在价值,并设计实验探讨了相关研究的科学性。与此同时,更具微观观察优势的扫描电子显微镜等的出现,进一步提高了利用牙齿微观磨耗痕迹复原古人类饮食结构的可行性。研究者通过显微镜得到特定观察范围内的显微照片,并对照片上可识别的微观磨耗痕迹进行测量、运算和处理,从而得到量化后的数据,建立起不同饮食习惯人群的牙齿微观磨耗数据库。臼齿是研究者最常观察的对象,这是由于其扮演着咀嚼和粉碎食物的关键角色,不同特性的食物及其中包含的磨耗颗粒大多会在臼齿上留下不同形态的凹坑和条痕,为学者提供了有关食物类型的启示。

1990年,西班牙人类学家佩雷斯-佩雷斯(Alejandro Pérez-Pérez)教授开创性地提出,由于牙齿颊侧面釉质比咬合面釉质更少地受到非食物类因素(如咀嚼的力度和习惯、磨耗面的位置等)的影响,因此可以更好地反映人类及其他灵长类动物的饮食结构信息。佩雷斯-佩雷斯教授及其研究团队采集了大量现生灵长类动物、现代原住民以及古代人类牙齿遗存的微观磨耗数据,建立起不同饮食结构种群的牙齿微观磨耗数据库。基于充分的数据信息,他们探讨了食物中肉类与植物类的比重对牙齿颊侧面微观磨耗条痕形态的影响,为后来的研究者提供了重要的参考数据。

他们吃什么?

2018年以来,吉林大学体质人类学实验室的研究者运用佩雷斯-佩雷斯教授的研究方法,对吐鲁番盆地的加依墓地、胜金店墓地以及洋海墓地的先民臼齿的微观磨耗痕迹展开了研究。吐鲁番盆地深处亚欧大陆的腹地,属于温带大陆性干旱沙漠气候,拥有丰富的光热资源,水资源非常匮乏,史前时期种植业

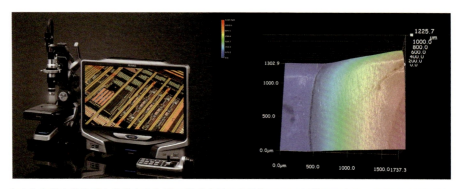

（左）吉林大学体质人类学实验室用于微观磨耗研究的超景深三维数码显微镜。运用这台显微镜，研究者可以在观测视野内进行全幅对焦，合成超景深的图像（右），并在此基础上进行精确的测量和统计

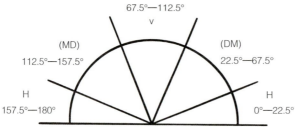

（左）三维数码显微镜下的条痕和凹坑。佩雷斯－佩雷斯教授及其团队根据条痕与牙颈所构成的角度，划分为垂直方向（V）、水平方向（H）、近中咬合面－远中牙颈方向（MD）以及远中咬合面－近中牙颈方向（DM）四个类别。下图展示的便是以下颌右侧臼齿为例，各方向类别的范围示意图。根据佩雷斯－佩雷斯教授的研究理论，垂直方向的条痕大多是运用牙齿的垂直切断作用处理肉类食物所致，而水平方向的条痕则大多是在运用牙齿的水平研磨作用处理植物类食物时形成的。研究者应当对所有垂直和水平方向的条痕长度进行测量，计算出个体的平均水平方向条痕长度与平均垂直方向条痕长度，并最终得到两个平均值之间的比例

发展非常缓慢。据植物考古学研究，该地区出土了粟、黍、青稞和小麦等农作物种子，甚至还有葡萄藤，但其在随葬品中所占比例均不算高。墓葬中出土的大量皮毛制品，羊、马等动物骨骼，以及弓箭、马具等随葬器物，则体现了先民们以狩猎和畜牧为主的食物获取方式。从考古学背景来看，生活在青铜—早期铁器时期吐鲁番盆地的先民们主要通过畜牧、狩猎、谷物以及园艺种植获取食物，但具体哪一类食物占据他们食物结构中的主导地位，是否与墓葬中食物类遗存反映的比例一致，是研究者希望通过微观磨耗研究回答的问题。

研究者选取了遗址中牙齿磨耗相对较轻、釉质面保存较好、口腔状态较为健康的青壮年个体臼齿作为研究对象，在200倍放大镜头下对臼齿颊侧面区域进行观察，将视野范围内完整的微痕进行量化和统计，并将之与佩雷斯-佩雷斯教授团队的数据库进行对比分析。研究结果表明，加依墓地、洋海墓地和胜金店墓地人群的饮食结构均与以肉类食物为主的原住民结构相似。也就是说，青铜—早期铁器时期的吐鲁番盆地先民们以肉类食物为主。这也印证了考古学家研究所认为的其以畜牧业为主、兼营少量种植业的经济模式。

（作者：张雯欣　杨诗雨）

汉东有佳人
曾国嫔妃乐工的礼乐之殇

曾国是一个在古籍上付之阙如、几无记载的诸侯国。我们对曾国的了解主要通过考古所取得的丰富材料，这在两周诸侯国历史研究中是十分少见的。曾侯乙墓的发现展现了古代中国的辉煌成就，也为我们了解曾国的政治、思想、经济、军事、科学、文化和生活等方面提供了弥足珍贵的材料。曾国处于"以礼为器"的先秦时期，礼制是社会秩序中的重要内容，既贯穿于政治与思想里，也贯穿于日常生活中。食物，这一生活中必不可缺之物，便体现着礼制的精神。食物的数量、种类、搭配和丰富程度与礼制相应，有着森严的等级。那么，曾侯乙及陪葬者生前的饮食是什么样的？有着怎样的等级区别？陪葬者的身份是什么？科技考古为我们解答这些问题提供了独特的视角。让我们从食物出发，开启曾国礼乐制度的揭秘之旅。

"汉东之国，随为大"

汉淮之地得天独厚，作为交通要道，历来是兵家必争之地。天下初定，周王朝为加强对荆楚地区的控制，"以藩屏周"，在汉水之北与淮水上游以南的广大区域分封唐、厉、随、贰、轸、郧、黄、弦、申等数十个姬姓诸侯国，即"汉阳诸姬"，以经略南土，防御淮夷，抵御楚族北上，保卫周疆，拱卫周王室统治。

《左传·桓公六年》载"汉东之国，随为大"。在众多方国中，随国为"汉阳诸姬"之首，肩负"君庇淮夷，临有江夏"的使命。然而，传世典籍对随国的记载却语焉不详，模糊不清。不过，在古随国境内，即今湖北随州、枣阳、京山、襄樊一带，发现了大量西周早期至战国中晚期的曾国文化遗存，包括国

春秋时期"随（曾）国"地理位置
图片引自谭其骧主编《中国历史地图集》第一册，中国地图出版社，1996年：45页

君级别的曾侯墓葬和高等级贵族墓，其中最为有名的当属曾侯乙墓。考古学家通过墓葬出土青铜器上铸有"曾侯乙"字样的铭文和高等级墓葬规格，判断墓主为曾侯乙。曾侯乙，究竟是何许人也？他是诸侯国国君，曾是国名，侯指的是爵位，乙是墓主人的名字。曾侯乙墓因墓葬规格之高，文物数量之多、种类之丰、组合之多，青铜器铸造之精而震惊世界。其中最为辉煌的要数庞大的乐器组合——编钟，堪称国之瑰宝，也被誉为古代世界的"第八大奇迹"。作为墓主人的曾侯乙也备受世人关注，然而其所统的"曾国"却因文献阙如，难以稽考，成为一个未曾现身于史料中的神秘国度。那么传世文献记载的"随国"与考古发现的"曾国"有何关系？目前考古学界和史学界普遍认为曾、随族姓相同，地望重合，时代一致，文献记载与考古发现两相吻合，铭文相应，因此"随国"即为"曾国"，曾、随为一国二名，曾侯乙就是文献所载的汉东姬姓之随的一个国君。

随州相传是神农耕耨之地，被称为"神农故里"。1977年，解放军某部扩建军房，无意中在随国旧地（今随州市）发现了曾侯乙墓。这座大墓东临㵐水，南抵㴲水，为一座岩坑竖穴木椁墓，平面呈"卜"形，形制独特，营造精细，是我国目前发现的同类型古墓中规模较大的一座。毫无疑问，"随国"确为"汉阳诸姬"中的强盛之国。曾侯乙墓的椁室分东、北、中、西四室，各室用墙隔开，底部由一个半米见方的门洞相通。东室放置主棺，以及八具陪棺和一具狗棺。主棺为重棺，外棺为铜木结构，外表施彩，内壁髹朱漆。内棺为木结构，外周彩绘龙凤、神兽、窃曲、窗格纹等繁缛纹饰，内壁髹朱漆。曾侯乙在内棺之中，用多层丝织物包裹，全身遍布玉器、角器、骨器和金器等。除东室有陪棺外，西室也置陪棺13具，整个墓室共陪棺21具。中室主要放置青铜礼器和乐器，闻名于世的"一钟双音，十二律俱全"的曾侯乙编钟正是出土于此。北室主要放置兵器、车马器和竹简。曾侯乙墓出土了15000多件珍贵文物，数量众多，器类丰富，精美绝伦，包括编钟、编磬、鼓、瑟、琴、笙等乐器，鼎、簋、簠、敦、缶、尊等青铜礼器，戈、矛、戟、殳、箭等兵器，车辖、马衔、马镳等车马器，箱、案、几、盒、杯等木竹用具，还有金玉服饰，丝麻制品以及竹简等。曾侯乙墓出土的文物创下许多"之最"，例如世界上最早的二十八星宿图，先秦时期形制最大且铸造最精美的冰酒用具，目前所见最早的竹简实物，最重的先秦金器，中国出土的最大青铜编钟和世界上最庞大的青铜乐器等。根据出土镈钟上的铭文、典型器物及放射性同位素测年结果，曾侯乙墓年代为公元前433—前400年，处于"七雄并立"的战国早期，距今已有2400多年的历史。

战国时期，殉葬之风十分流行。《墨子》道"天子杀殉，众者数百，寡者数十；将军、大夫杀殉，众者数十，寡者数人"。人殉，即用活人为死者殉葬，起源于原始社会末期，盛行于奴隶制社会，最终发展成为一种制度，遗风延续至封建社会。人殉主要在帝王、贵族等上层阶级中盛行，殉葬者一般是死者的奴隶、妻妾或亲信。曾侯乙墓中也有惨绝人寰的人殉，这些殉人皆为年轻甚至尚幼的女性。东室内一名女性为15岁左右，其余女性均为18—22岁；西室内一名女性为25岁左右，其余女性均为13—20岁。她们身材娇小，身高在1.53

米到1.6米之间。前文所述曾（随）国在古籍中的记载寥寥无几，我们对于曾侯乙和这些殉人过去的生活只能从考古中获得。这些殉人在当时的身份与地位究竟如何？曾侯乙和殉人日常食物都有哪些？或许我们可以利用自然科学方法和现代分析技术获取相关的信息。

"最后的晚餐效应"

食物是人类赖以生存的物质基础。考古学家通常会利用碳氮稳定同位素、植硅体和微量元素分析的技术手段获取人类生前的食谱信息。近年来，随着实验原理的成熟和技术的发展，牙齿微痕分析作为一种非破坏性和非侵入性的技术，已在古人食谱研究中发挥了不可小觑的作用。

咀嚼不同性状的食物会在牙釉质表面留下不同的微观痕迹，这些痕迹是个体在死亡前数小时、数天或数周内咀嚼食物所留下的，被称为"最后的晚餐效应"，这也是牙齿微痕分析技术所依据的基础。通常情况下，咀嚼食物在牙齿表面留下的微痕有三种类型：条痕（scratches）、凹坑（pits）和其他表面缺陷（other surface defects），这些微痕的形成受到食物的外源性沙砾颗粒、酸度、硬度，咀嚼力量以及上下颌的活动方向的影响。条痕是由附着在食物中的沙砾、灰尘和植硅体（植硅体为植物组织中发现的二氧化硅、草酸钙或碳酸盐的微晶体）等颗粒造成的，而凹坑是由牙齿间的接触形成的。质地松软的食物在牙齿釉质表面上留下的微观痕迹较少，但会形成条痕，偶尔形成凹坑，而质地坚硬的食物则会导致凹坑出现的比例高。韧性较好的食物需要更大的切力，牙釉质表面会产生许多狭长的条痕。在以混合或肉类食物为食的人群中，条痕密度较低，垂直条痕居多；而在食用含穗量和植硅体较高的食物的农业人群中，条痕密度较高，水平条痕居多。因此，牙釉质表面的不同的微观痕迹特点，包括形态、数量、方向和分布，可以反映个体生前的食谱信息。

牙齿微痕分析是一种用于研究牙齿表面釉质上的微观特征的技术。有关牙齿微痕的研究最早可追溯至20世纪30年代，乔治·辛普森（George G. Simpson）等人通过研究哺乳动物牙齿上的磨痕，认为在咀嚼过程中，口腔中相对的牙齿的运动角度和方向取决于食物的性质。此后，珀西·巴特勒（Percy M. Butler）和约翰·米尔斯（John R. E. Mills）进行了更为详细的研究，认为牙齿微痕除了能够反映颌骨运动方向外，也能够反映饮食结构，这对于重建过去人类和灭绝哺乳动物的生存方式具有重大意义。但这一阶段对牙齿微痕的研究主要集中在动物牙齿。1962年，阿尔伯特·达尔伯格（Albert A. Dahlberg）和沃伦·金泽（Warrer G. Kinzey）对现代和考古出土的人类牙齿的微痕研究认为，群体内部和群体之间的牙齿微痕的差异可以用来区分饮食，此后牙齿微痕分析正式进入人类学研究范畴。迄今为止，牙齿微痕分析已越来越多地应用于重建现存和已灭绝动物的摄食习性，探究古代、近代人类饮食习惯和食物制备技术以及复原古环境。

我们通常使用高倍显微镜来观察牙釉质表面的微痕，凹坑即为长宽比小于4∶1的非线状特征，条痕则为长宽比大于4∶1的线状特征。在观察过程中，我们首先要区分牙齿上留下的凹坑和条痕，其次观察记录条痕的数量和方向，最后计算颊面水平方向条痕平均长度和垂直方向条痕平均长度的比值（LH/LV）。这项比值在不同食物结构的人群间差异非常明显，动物性食物摄入比例较高的人群往往有着较低的LH/LV比值，而植物性食物摄入比例较高的人群则有着较高的LH/LV比值。通过这种方法，我们便可以获取研究对象生前的食谱信息。

"饮食之肴必有八珍之味"

通过使用超景深三维数码显微镜对曾侯乙墓东室主棺内曾侯乙本人、东室陪棺内5名女性以及西室陪棺内6名女性的13颗臼齿颊面微观磨耗痕迹的观察得知，这12例个体的LH/LV范围为52.8%—73.8%，平均值为64.8%。那么这一数据究竟处于什么样的水平呢？我们将这项数据与来自不同地区、具有不同饮食习惯的现代狩猎采集者、牧民和农业群体相比较，便可窥知一二。通过与下表中各现代土著人群牙齿颊面微观磨耗条痕LH/LV相比，曾侯乙与殉人的LH/LV很低，与生活在芬兰、挪威和俄罗斯以驯鹿为食的拉普兰人最为接近。

人群	样本量	LH/LV	生计方式
印度人（Hindu）	20	139.34%	农业
维达人（Veddahs）	9	95.78%	采集狩猎（热带丛林）
安达曼人（Andamanese）	18	82.39%	
不须曼人（Bushmen）	15	73.59%	狩猎采集（干旱或半干旱丛林）
塔斯马尼亚人（Tasmanians）	11	81.86%	
澳大利亚土著（Australian Aborigines）	18	73.67%	
智利土著人（Fueguians）	20	66.98%	狩猎
因纽特人（Inuit）	20	60.71%	
温哥华岛土著人（Vancouver Islanders）	17	68.46%	
拉普兰人（Lapps）	5	64.40%	

现代土著人群牙齿颊面微观磨耗条痕水平长度/垂直长度比值

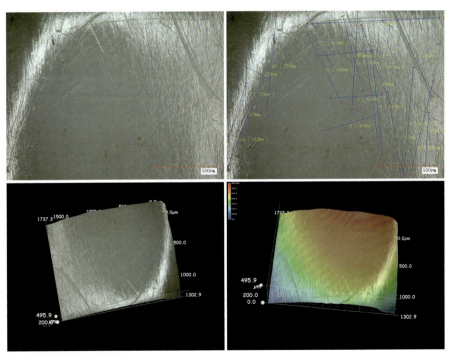

三维数码显微镜显示下东主棺曾侯乙臼齿颊侧微观磨耗观测图

成都百花潭中学十号墓中出土铜壶（上）和故宫铜壶（下）上刻画的宴饮声乐景

图片引自四川省博物馆《成都百花潭中学十号墓发掘》，《文物》，1976（3）：40—46页；故宫博物院《故宫青铜器图典》，故宫出版社，2010年：196页

这表明曾侯乙与殉人饮食中有较高比例的肉食摄入。

曾侯乙墓出土的动物骨骼所属猪、羊、牛、雁、鸡、鲫和鳙7种，分盛于鼎、盘、鬲、甗等18件容器内，共计44只（尾），数量众多，种类丰富。《左传》载"古者六畜不相为用"，这里的六畜为中国古代最早饲养的六类动物——马、牛、羊、豕（猪）、犬、鸡。除犬、马外，曾侯乙墓俱有，十分丰盛。这得益于春战时期发达的畜牧业，农牧民"务于畜养之理，察于土地之宜，六畜遂，五谷殖，则入多"。

此外，《吕氏春秋·本味》中载楚人喜欢食用奇珍异味，"肉之美者，猩猩之唇，獾獾之炙，隽觾之翠，述荡之挚，旄象之约。流沙之西，丹山之南，有凤之丸，沃民所食"；也喜食鱼类，"醴水之鱼，名曰朱鳖，六足，有珠百碧。藿水之鱼，名曰鳐，其状若鲤而有翼，常从西海夜飞，游于东海"。与楚国毗邻且受楚文化影响的曾国，其高等级阶层也有好食珍味之性，曾侯乙墓出土的鲫鱼、鳙鱼、灰雁、黑雁可谓之珍馐。《墨子·辞过》载"以为美食刍豢，蒸炙鱼鳖，大国累百器，小国累十器，前方丈，目不能遍视，手不能遍操，口不能遍味，冬则冻冰，夏则饰馕。人君为饮食如此，故左右象之，是以富贵者奢侈"，意思为蒸烤牛羊鱼鳖，做成美味佳肴，国君饭桌上，菜盘有几十个甚至上百个，摆满面前丈余地方，眼睛不能全看到，筷子不能全夹到，口不能全尝到，冬天会结冰，夏天会坏掉。君主如此讲究饮食，左右人臣都效仿他，因而富贵的人家愈加奢侈。《周礼·天官》载周天子"食用六谷，膳用六牲，饮用六清，馐用百有二十品，珍用八物，酱用百有二十瓮。王日一举，鼎十有二，物皆有俎，以乐侑食"。王一阶级的食物种类包括六谷，即稌、黍、稷、粱、麦、苽；六牲，即马、牛、羊、鸡、犬、豕；六清，即水、浆、醴、凉、医、酏，可见王公贵戚享用极为丰富的饮食和高贵的生活。

"周公制礼，礼生于食"

我们在前文已经获知了曾侯乙及殉人都有着高比例的肉食摄入，那么曾侯乙与殉人饮食有着怎样的区别？东室殉人和西室殉人饮食是否有差异？她们的地位和身份究竟是怎样的？牙齿微痕分析仍然可以为我们提供一些线索。

曾侯乙两颗白齿的LH/LV分别为52.8%、55.9%，东室陪棺内5例个体的LH/LV范围为58.0%—65.3%，西室陪棺内6例个体的比值范围为67.3%—73.8%。从LH/LV来看，曾侯乙最低，东室内陪葬的女性次之，西室内陪葬的女性最高。这表明曾侯乙肉食摄入量最高，东室殉人肉食摄入量次之，而西室殉人肉食摄入量最低。这也意味着曾侯乙享有最高等级的食物，东室和西室中的殉人确有地位和身份上的悬殊。

《国语·楚语》载："天子食太牢，牛羊豕三牲俱全，诸侯食牛，卿食羊，大夫食豕，士食鱼炙，庶人食菜。"《尚书·洪范》载："惟辟作福，惟辟作威，惟辟玉食。"《礼记·王制》云："诸侯无故不杀牛，大夫无故不杀羊，士无故不杀犬豕，庶人无故不食珍。"可见，在等级森严的商周时期，肉类的食用是礼乐制度的重要组成部分，体现着礼制精神。《礼记》载："礼器是故大备。大备，盛德也。"古人认为以礼为器，就可导致"大顺"的局面。礼制是为适应

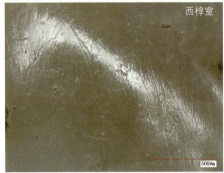

东主棺、东椁室、西椁室个体臼齿颊侧微观磨耗痕迹平面对比图

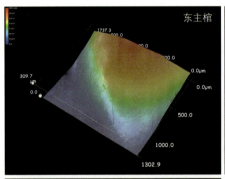
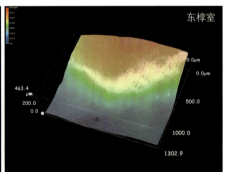
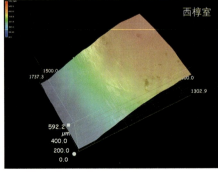

东主棺、东椁室、西椁室个体臼齿颊侧微观磨耗痕迹三维对比图

曾侯乙墓出土彩绘髹漆木雕鸳鸯盒（左）及其腹部所绘的乐舞图（右）

图片引自毛芳《略谈战国漆器的造型》，《江汉考古》，2019（S1）：81—90页；刘要《鸳鸯漆盒漆画研究——东周时期楚地绘画的地域性特征》，华中师范大学硕士学位论文，2014年：6页

山东章丘女郎山战国墓出土的乐舞陶俑

图片引自周昌富、温增源主编《中国音乐文物大系·山东卷》，大象出版社，2001年：203—207页

并维护宗法等级制度社会的政治需要而逐渐形成的一系列制度，包括广泛的社会内容，食物便是其中之一。礼产生于饮食，同时又严格约束饮食活动。从肴馔品类到烹饪，从进食方式到筵席宴飨均有严格的规定。只有君主才能"玉食"且"三牲俱全"，不同的阶层所能食用的肉的种类也不同。肉食是士大夫阶层之上的贵族专享，而平民只能吃素。曾侯乙与殉人皆比"布衣"尊贵，曾

汉东有佳人　　171

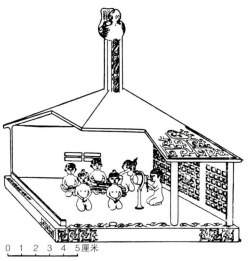

浙江绍兴坡塘狮子山的306号墓出土的东周时期伎乐铜屋模型

图片引自王屹峰《绍兴306号墓出土的伎乐铜屋再探》,《东方博物》,2009(3):90—95页

侯乙拥有至高无上的地位,而西室殉人较东室殉人则位卑轻贱。

东、西室殉人有着怎样的身份?在以往的考古学研究中,学者根据棺椁形制认为与墓主同室的殉人为曾侯乙的近幸侍妾,而西室的13名殉人为乐伎。亦有学者根据摇鼓墩二号墓墓主身份(曾国国君夫人)及《仪礼》所载房中乐的演奏者两个角度,认为东室殉人当是演奏房中乐的姬妾,西室殉人当为演奏雅乐及歌舞方面的姬妾。而牙齿微痕分析所表明的食谱结果印证了这些关于殉人身份角色的判断,东室殉人作为姬妾享有较高的等级与地位,所食肉类种类和数量均较多,而西室殉人作为卑不足道的乐工,食物等级最低,获得肉食资源最少。在礼制的森严体系下,女乐处于很低的社会层级,地位甚为低贱,可被随意赠人,如"以女乐六遗鲁哀公,哀公乐之",也可随意虐杀,如"夹谷之会时,奏莱人之乐,孔子使有司执莱人斩之"。

在古代社会,礼制强调社会等级、地位和身份,规定了各个阶层的人应该遵循的礼仪规范。饮食文化是礼制中的重要组成部分。我们可以看到,在礼制的约束之下,国君及其姬妾往往能够享用各种珍馐美味,也可大肆食用肉食这一贵重的资源；而地位低贱的宫廷乐人仅有普通的食物，所能食用的肉食数量和品类十分有限。同时，他们遭受着上层阶级巨大的压迫，可能会被随时买卖、赠送或杀戮。此外，曾侯乙墓发现的众多年轻女性骨骼遗存表明，无论是姬妾还是女乐，均未能逃离为统治者殉葬的命运。此可谓是古代女性一场场无声的悲剧。

（作者：滕逍霄）

妙"手"偶得
解锁金元先民的掌纹秘密

人手——人类触觉的主要器官,它的功能涉及日常生活的很多方面,如制造工具、梳妆打扮、辅助交流等。需要注意的是,在做手势进行交流方面,受文化差异的影响,同一个手势在不同国家的含义有很大不同,如一个简单的竖大拇指,一般常用来表示好、很棒、非常出色等意思;在美国和欧洲部分地区,竖大拇指还通常用来表示搭车;而在非洲的尼日利亚,这手势却被认为是带有侮辱性的含义。

手印——我们别样的身份证

作为非常独特的生物标记——手印(包括指印、掌印、拳印),记载着重要的体质人类学信息。指纹(弓型纹、箕型纹等)是最古老的"身份证",人人都有,各不相同,终生不变,因此在识别鉴定方面非常有用。如有的民间契约和证言材料仍沿用摁指纹;有的单位以指纹记录作为职工考勤的依据来有效避免迟到早退事件的发生;指纹识别支付系统可快速完成消费支付,方便企业和消费者。另外,手的形态和大小还与人的基本体质信息(性别、体重等)密切相关,已在解剖学和现代法医学等领域得到广泛的应用。

手印——中国历史的万花筒

在考古发现与研究中,生物考古学家十分重视人类遗骸中颅骨的分析,手骨因不易保存,常被忽略。手印是更加少见的一种遗迹。在更新世时期,手印曾是人类岩画艺术重要的表达主题,如西班牙加斯特罗、法国科斯凯洞窟岩画

竖大拇指几乎在全世界都用来表示夸奖和赞许等相似含义，但也有一些例外

图片引自 https://jingyan.baidu.com/article/48b558e3530fca7f38c09a3d.html?bd_page_type=1&net_type=1&os=1&rst=5&showimg=1&st=3

上均有手印；农业革命以来，手经常按压在陶器和砖的表面，但很少有完整的，多为指印或拳印。对于手印这样一种世界范围内的文化现象，民间和学界对产生的原因即背后的行为动机一直保持着浓厚的兴趣，提出过很多推测，众说纷纭，莫衷一是。

纵观中国的考古发现，手印的出现可追溯到旧石器时代的岩画艺术中，在宁夏贺兰山、青海昆仑山和湖北天子岩等都有手印的发现。进入新石器时代后，陶器成为日常使用的器皿，陶器上的指纹留痕比较常见，大多是陶器制作者在烧陶过程中无意留下的，细小模糊不清，也没有特定的位置。然而也有先民特意为之的证据，河南省三门峡市渑池县西河南仰韶文化遗址发现的陶缸錾耳处留有一先人的指纹印，摁制流畅，完整清晰，乳突线纹不见丝毫挪动迹象，是仰韶人有意摁制的某种标记。

位于湖北省的云梦睡虎地秦墓在2021年获评为我国的"百年百大考古发现"。该墓地发现的秦简非常珍贵，所载《封诊式》是秦国的司法勘验记录和案例汇编，在其《穴盗》一文中有现今出土文物中最早利用手印进行现场勘查

妙"手"偶得　　175

天子岩崖面笔直，下面是万丈深谷，共有约400枚红色手印，当地老百姓俗称"血手印"或"红掌印"

图片引自https://www.sohu.com/a/277370392_186821

西河南仰韶文化遗址位于三门峡市渑池县城西南1.5公里处，属仰韶文化庙底沟类型，20世纪50年代河南省文物工作队做过发掘工作。图为该遗址发现的完整清晰指印纹

图片引自《大河报》2019年4月17日

破案的记录：一个家庭失窃，盗窃者遗留于现场的手、膝痕迹多达六处（"内中及穴中外壤上有膝迹、手迹，膝、手各六所"），官府于是利用此痕迹进行侦查勘验，可惜的是，竹简并未记载案件最后是否侦破。

唐宋以来，手印和指纹广泛用于田宅、婚姻、债务、财产继承等日常生活和民事纠纷案件中，具有防诈证信的重要作用。法官们在审理诉讼案件时，会通过分辨契约文书上当事人的指印或官府公章在签字墨迹的上、下来判断真伪。假如红色印章在签字墨迹之上，则为旧时真实书契，相反为新近伪造。北宋时期，永新县（现江西省境内）有一个名叫龙聿的人，为豪强之子，他引诱少年周整喝酒后赌博。周整年少无知，赌博受骗，输了钱无力偿还。于是龙聿要求以周整母亲名下的良田折抵。周整非常害怕，不敢告诉母亲真实情况。龙聿变本加厉，盗取了周母摁于其他田契上的手印，伪造了一个卖田文契。由此两家发生争讼，周母从县一直告到路（宋代于州府之上设置路一级监察机构），直到京城击鼓喊冤。由于契约上摁有周整母亲的指印，在关键证据上各级官府都难辨真假，以致此案久讼不决，被搁置一旁，周家冤屈久不能申。元绛到任永新知县后，周母又来告状，痛说案件是非曲直。元绛听后，取出田契仔细观看，然后指出田契上所签年月日皆在指印之上，必是伪造。龙聿服罪，退还田产，周家冤屈得以昭雪。

"考古"手印纹砖

砖是最早的人工建筑材料之一，大约在西周时期出现，秦汉时期随着制造技术的发展，砖被广泛用于建造城墙、房屋、窑炉和陵墓。目前国内考古发现最早的有确切年代的手印纹（包括指纹、掌纹、拳纹）砖来自广东的番禺汉墓，为"永元五年十月"，即公元93年，然后一直跨越到明清时期，分布范围也较广，除了广东、广西地区的汉至南朝墓葬出土较多手印砖以外，四川汉墓，山东金雀山汉墓，南京东晋墓，上海青龙镇遗址，陕西乾陵、大明宫、华清宫遗址，河南隋唐东都城遗址，黑龙江金上京会宁府遗址，内蒙古元上都遗址，宁夏西夏北寺塔群，新疆北庭故城等也都有手印纹砖发现。

Ⅱ区M5填土中发现的手印纹砖，摆放杂乱。相邻的砖室墓M4（白色箭头这座）被盗，余下的部分砖块的大小、颜色和M5一样

    准格尔，蒙古语意为"左翼、左手"。准格尔旗东、北两面被黄河环绕，与山西省隔河相望；南临古长城与陕西省交界；西与达拉特旗、东胜区、伊金霍洛旗接壤；素有"鸡鸣三省"之称。金元前期，准格尔旗是各方政治势力互相争夺的地区，人群混杂，汉、党项、女真等族均在这里活动过。该区域这一时期的考古发现极少，然而西黑岱墓地却是一个例外。

    西黑岱墓地位于准格尔旗境内，东距黄河30多公里。2014年7—8月，内蒙古师范大学历史文化学院的师生发掘清理了该墓地。墓地分为两个区域，年代不同，Ⅱ区墓葬9座，出土随葬品表明它们的年代为金元时期。M5是Ⅱ区的一座长方形土坑竖穴墓，墓葬内不见棺木痕迹，底部乱葬一青年男性遗骸，保存状况不佳，手骨、脚骨缺失。值得注意的是，在墓主人头骨上方，距离墓底约30厘米的墓室填土中发现6块手印纹砖，摆放不规整。这些砖呈青灰色，质地坚硬，大小、形状相同，均为边长30厘米，厚5.5厘米的方砖。除此之外，墓内不见其他随葬品。

"作案人"信息

"作案人"的基本体质信息是侦破案件的第一步。研究人员引入现代法医学、指纹学和痕检学方法，对西黑岱墓地出土手印纹砖进行收集、观察和测量，在此基础上，获得了每一个"作案人"丰富的体质人类学数据，然后对手印纹行为主体的手别、性别、年龄、身高、体重和体型特征六个方面进行了分析。具体侦查破案过程如下：

1. 对每一块手印纹砖进行多角度拍照并使用AgiSoft PhotoScan专业软件成功获取"作案人"手印痕迹正、反手的三维图像模型。

2. 依据3D模型，完成包括手长、手宽、掌长、掌宽以及各远端指宽在内的手印形态的观察和测量。

3. 砖块在阴干、烧制过程中会有收缩。按照现代黏土砖的相应收缩率对"作案人"遗留的手印各项测量值进行了校正，以提高准确性。

4. 在手别和性别上，研究人员通过各方面的形态观察进行判定；在年龄上，研究人员通过手指、手掌的长宽与年龄增长的关系进行了年龄段的区分；在身高上，运用多种由生理学得出的符合中国人的数学表达式推算，获取平均值；体重推算与身高相似；体型，分为矮胖型、中间型和瘦高型三类，以体型指数（体重和身高的比值）为主要标准并结合形态观察得出。

这样，每个"作案人"的基本体质信息就会得到提取，遗憾的是，由于某一"作案人"在摁捺手印过程中存在挪滑情况导致印记模糊，部分信息丢失了。总的来看，这些"作案人"在摁捺手印时通常选择右手作为常用手。他们均为成年男性个体，平均身高167.2厘米，体重介于53.6—66.7公斤，体型以中等为主。

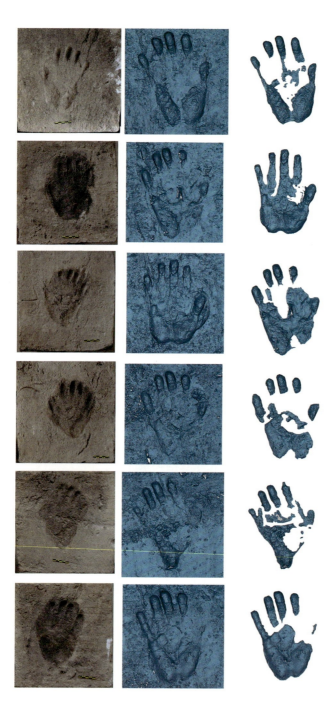

西黑垈墓地出土的6块手印纹砖基本保存完好,手印清晰。考古学家对其进行了三维复原。在此基础上,才可对手印的形态、大小展开观察和测量工作

墓主人与陶工关系解读

M5男性个体的手骨没有保存下来，这就使得研究人员无法与砖上手印进行比对。除了在填土中发现的六块手印纹砖外，墓中没有发现任何随葬品或与文字有关的碑铭，这种种迹象说明，砖上的手印不太可能是墓主人留下的。根据随葬品判断，西黑岱人群的社会身份是普通平民阶层，换句话说，西黑岱居民为农民和手工业者，M5的墓主人很可能是一名手工业者。

如果不是墓主人留下的，那么这些砖上的手印纹就是制砖工匠们所为，但关于他们的民族身份我们一无所知。尽管民族考古调查的结果和工匠的体质信息共同暗示这些带有手印的砖块可能是同行为了悼念亡者而放在墓里的，M5的死者自身就是制砖作坊的工匠。但是研究人员认为这种可能性不大，因为这些手印砖块充当了与普通填土一样的角色，与遗骸并不在同一个平面上，没有显示出特别尊贵的地位。

总之，虽然我们已经知道了"作案人"的基本生物信息，他们的职业最有可能是制陶工匠，但与墓主人的关系还是未解之谜。

手印纹砖的"迁徙"

西黑岱Ⅱ区墓地绝大部分都是土坑竖穴墓（包括M5），只有一座砖室墓即M4（M5西约6米处）。该墓盗扰严重，随葬品和人骨全无遗留，大部分墓砖不见，仅存墓穴轮廓。耐人寻味的是，M5出土的这几块手印纹砖的大小和颜色和用于营建M4的砖块非常相似。研究者认为，这是同一批生产的砖，应该都是用来修筑M4的。

虽然所有的手印纹砖都完好无损，但既没有在M4的底、壁等主要部位处使用，也没有作为陪葬品被置于墓室内或靠近逝者的位置，更没有在填土中发现任何完整的砖块。那么这种"迁徙"是如何发生的呢？这应该与当时人们对待这批砖的态度有很大关系。

这个制砖作坊至少有6名工匠参与其中，女性和未成年人没有参与，或者这个小型的"工厂"均由成年男性构成。与史前时代创造岩画艺术、洞穴艺术的先民一样，这批陶工也有灵光乍现的时刻，他们在制砖闲暇间，在某人的指导下，统一在砖的中部捺印出6个不同工匠的手印，完成了一次"艺术体验"的即兴之作，背后的具体动因则尚不清楚，这些砖块并没有特别的用途。后来这批手印纹砖被创作它们的人遗忘，以次充好，进入了流通市场。当时的人认为，用带有手印的砖来营建墓葬有悖常规，不合时宜，从而不被大众接受。在营建M4时，建冢人将其作为无用之物，从M4中扔掉，其最终被当作墓葬的填土，一同用来埋葬M5的死者，实现了其生命史上意义非凡的"迁徙"。

（作者：李鹏珍）